▷少▷年▷探▷索▷发▷现▷系▷列▷

EXPLORATION READING FOR STUDENTS

你不可不知的
海洋之谜

总策划/邢 涛 主编/龚 勋

汕頭大學出版社

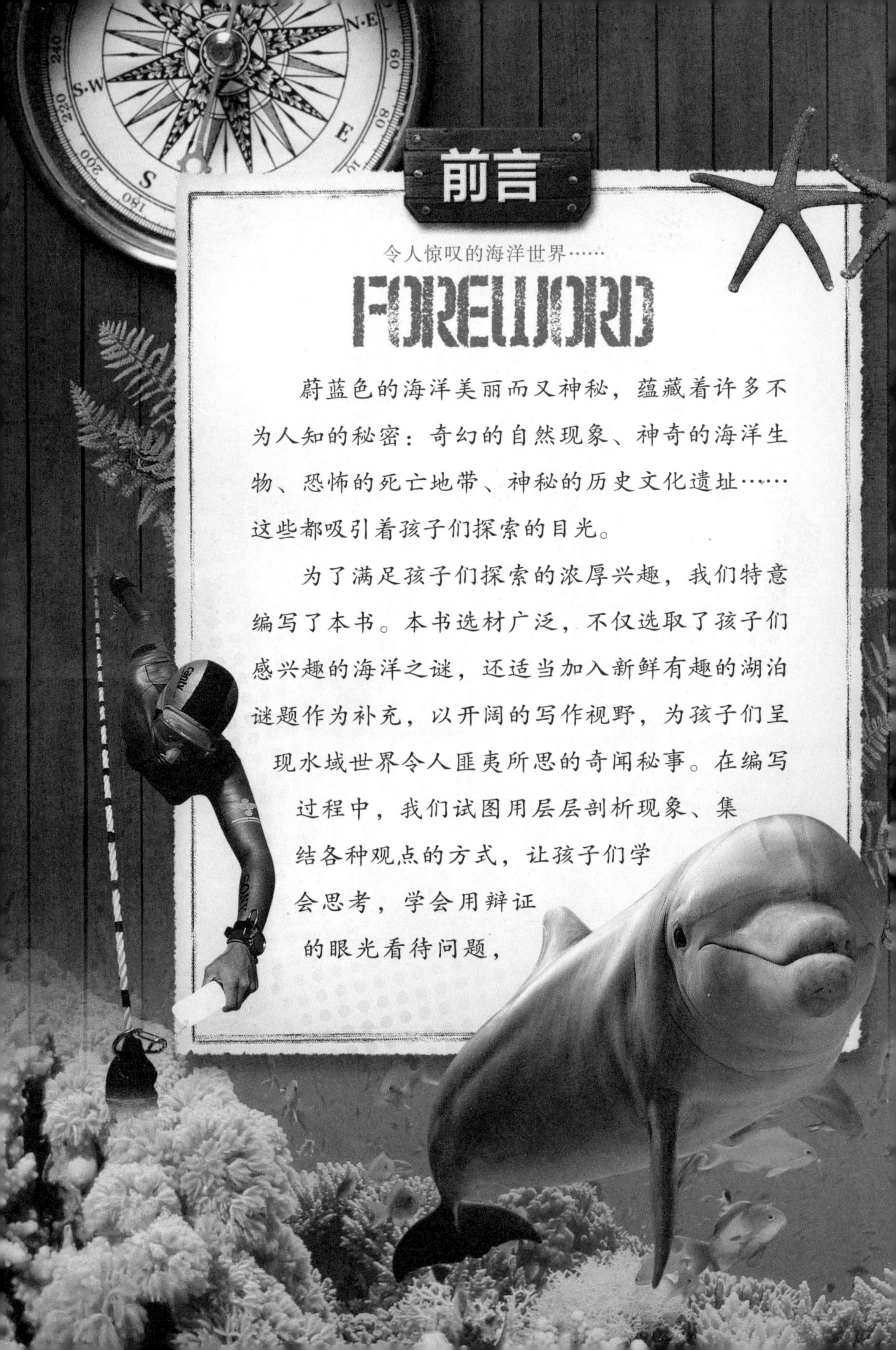

前言

令人惊叹的海洋世界……

FOREWORD

蔚蓝色的海洋美丽而又神秘，蕴藏着许多不为人知的秘密：奇幻的自然现象、神奇的海洋生物、恐怖的死亡地带、神秘的历史文化遗址……这些都吸引着孩子们探索的目光。

为了满足孩子们探索的浓厚兴趣，我们特意编写了本书。本书选材广泛，不仅选取了孩子们感兴趣的海洋之谜，还适当加入新鲜有趣的湖泊谜题作为补充，以开阔的写作视野，为孩子们呈现水域世界令人匪夷所思的奇闻秘事。在编写过程中，我们试图用层层剖析现象、集结各种观点的方式，让孩子们学会思考，学会用辩证的眼光看待问题，

让他们在阅读的过程中一步步地贴近真相、一层层揭开离奇事件的神秘面纱，享受全程参与带来的巨大乐趣。

与其他科普书籍不同的是，本书集知识性、趣味性和悬疑性为一体，既能普及海洋、湖泊的科学知识，又能引导孩子们爱上阅读，激发他们探索科学的热情。

我们相信，孩子们阅读完这本书，对海洋、湖泊的认识一定会更深入，从而发自内心地爱护海洋，爱护我们赖以生存的美丽地球。

CONTENTS

目录

第一章 揭秘神奇海洋现象

第二章

探索海洋奇事

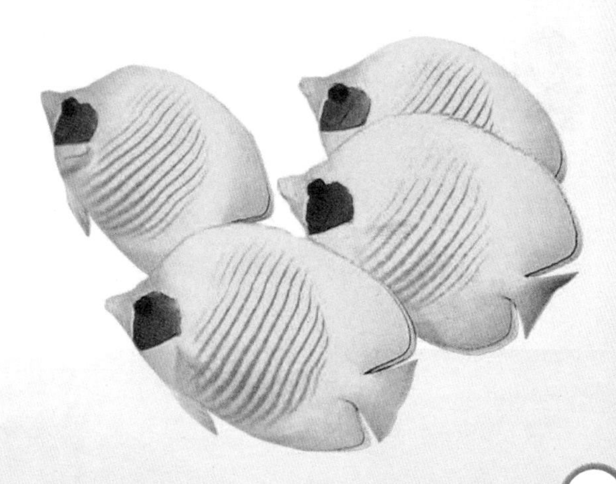

第三章

探寻海底“居民”

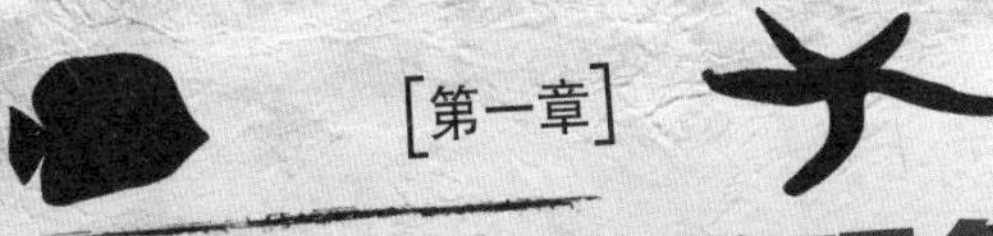

揭秘神奇海洋现象

在我们生活的地球上，陆地面积只占地球表面积的31%左右，其余地表全被海洋所覆盖。那么，对于这片约3.6亿平方千米的广袤海域，你又了解多少呢？

海水究竟从何而来？海水为什么是咸的？海底风暴、海底瀑布、海啸是怎么回事？引发赤潮、黑潮现象的“元凶”又是什么？还有厄尔尼诺现象、拉尼娜现象……

如果你对这些问题充满好奇，那就赶紧翻开本章，让我们一起去一探究竟！

探秘海水起源

关于海水的起源，主要有哪几种说法？
地球表面海水的覆盖率是多少？

海水到底从何而来？

从宇宙空间看去，地球是一颗美丽的蓝色星球，约71%的地表都被海水包裹着。面对一望无际的海洋，人们不禁会产生这样的疑问：这么多的海水到底是从哪里来的呢？

对于这个问题，科学家们历来争论不休。近些年，美国爱荷华大学的科学家更是提出了一项惊人的理论：地球上的海水是由撞入地球的彗星带来的。他们在对1981—1986年间的数千张地球大气紫外线辐射图进行仔细研究后发现：在圆盘形的地球图像上总有一些小黑斑，每个小黑斑大约存在两分钟。经检测，这些小黑斑是由一些冰块组成的小彗星闯入大气层造成的。于是他们认为，人类以前未曾察觉到的这些小冰彗星以每分钟20 颗的数量撞入地球大气层，并且每颗可融化约100吨水。经过几十亿年的演变，地球上就形成了海洋。

然而，对于上述理论，一些科学家表示不敢苟同。他们坚持认为海水是地球与生

彗星撞击地球

俱来的，地球从原始星云中凝聚出来以后，就携带着水。这种“初生水”以结构水、结晶水等形式存在于矿物和岩石中。由于重力的作用，岩石间彼此挤压，水汽被挤出岩石，不断累积汇合，最终随着地震或火山爆发喷出地壳，再经过降水过程，形成海洋。

地球是颗蓝色星球

但最近科学家研究发现，火山或地震释放的水并不是“初生水”，而是与雨水性质相同的水。这一发现向“初生水”之说提出了挑战。

还有的科学家认为，海洋的形成与太阳风有关。太阳风是一种由太阳“刮”起的带电质子流，当它靠近地球时，会有少量的高能粒子被地磁场捕获。1861年，一位名叫托维利的科学家经计算得出，地球自形成之初到现在，已从太阳风中吸收了约1.7×10^{23}克氢。如果这些氢和地球上的氧结合，可产生约1.53×10^{24}克的水。这个数字恰好与地球现今的水体总量接近。所以他认为，是太阳风为地球送来了水。但事实是否如此，还有待证实。

至今，人类仍不能确定海水的起源。要揭开这个谜底，也许还需要相当长一段时间。

火山喷发会释放出水汽

地球是个“大水球”

地球是椭圆形球体，表面积约为5.1亿平方千米，其中海洋面积约为3.6亿平方千米，陆地面积约为1.49亿平方千米，因此有人将地球形象地称为“大水球”。

谁给海水加了盐

“神磨”是哪里的民间传说？
有些科学家认为“海盐来自陆地”，其依据是什么？

海洋像个巨大的盐水缸，其含盐量高得惊人。据科学家估算，如果把全世界海洋中的盐全部析出，覆盖于整个地球的陆地表面，其厚度可达150米。那么，海水为什么含有这么多盐呢？

海洋含盐量高得惊人

关于海水含盐多的原因，斯堪的那维亚半岛还有一个民间传说呢。传说，在很久以前有一对兄弟，哥哥很富有，弟弟很贫穷。快过年了，弟弟没有吃的，只好向哥哥讨了块熏肉。不料，弟弟在回家的途中闯进了鬼门关，遇到了一群饥饿的鬼。那些鬼让弟弟把熏肉卖给他们，弟弟无奈之下只好答应。其中一个鬼给了弟弟一个神磨，说只要在磨顶敲三下，想要什么就有什么；只要在磨底敲三下，磨盘就会停止转动。

后来，一位贪婪的盐商趁弟弟睡着时，悄悄偷走了神磨。盐商开着一艘大船驶入大海，并让神磨不停地产盐。可是他不知道怎么让神磨停止工作，最后大船

原始海洋

因为装盐过多而翻沉大海，海水因此变咸了。

当然，这只是一个民间传说，至于海水含盐的真正原因，还需要科学家们给出答案。

很多科学家认为，海盐来自陆地。由于水循环运动，海洋会蒸发掉大量的水分，这些水蒸气升入空中后，又会形成降雨落回地面。雨水不断地冲刷岩石与土壤，把其中的可溶性物质（大部分是盐类物质）带入江河。最后，江河入海，盐类物质也随之进入海洋。再加上盐分不能蒸发，经过几百万年的积累，海洋中的含盐量不断增加，海水也就变咸了。

还有一些科学家认为，在地球形成之初，地壳非常薄弱，火山喷发频繁，大量矿物被喷出地表，又随着雨水逐渐汇集到原始海洋中。由于矿物中的可溶性盐类不断被海水溶解，海水逐渐变咸。

20世纪70年代，人们又有了新发现——海底大断裂带处的断裂聚热反应使海水的含盐量比河川的含盐量高数百倍。这似乎说明海水中盐的来源还有别的途径，但究竟为何，仍未可知。

由于上述种种理论和假说均不能给出令人完全信服的解释，因此海盐的来历至今扑朔迷离。

盐类物质会随着江河汇入海洋

与探索发现
DISCOVERY & EXPLORATION

海水的盐度

盐度是指海水中盐类物质的质量分数，全球海水的平均盐度为3.5%。盐度因地而异，世界上盐度最高的水体是死海（内陆咸水湖泊），其湖水含盐量为25%—30%。

盐是可溶性物质

谁打翻了海水调色板

海水颜色受哪些因素影响？
红海的水是什么颜色的？为什么会这样？

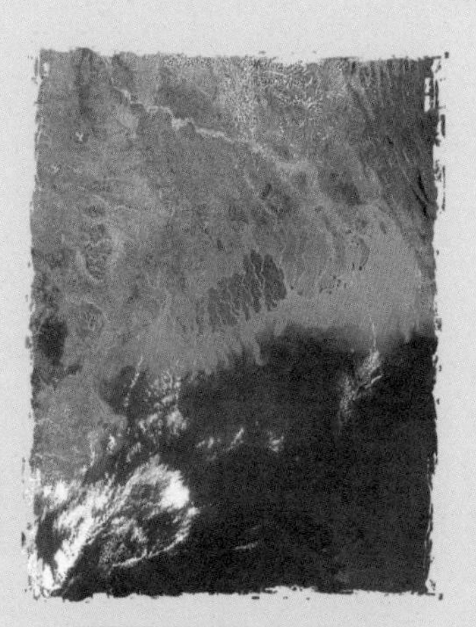
海水并非都是蓝色的

你知道吗，并不是所有的海水都是蓝色的。位于欧洲南部和小亚细亚半岛之间的黑海，就呈现出幽暗的黑褐色；而俄罗斯西北部的白海颜色是白色的；我国东部的黄海的海水是浅黄色的；非洲东北部的红海的海水是红色的……这些五彩斑斓的颜色为大海增添了魅力的同时，也引发了人们的好奇：为什么海水颜色会不同？谁打翻了海水调色板？

科学家研究发现，海水的颜色主要是由海水对太阳光线的吸收、反射和散射造成的，此外还受地域、气候、环境、深度等因素影响。

黑海之所以呈黑褐色，主要是因为该海域上层水密度较小、下层水密度较大，上下层的水无法发生交换，导致220米以下的海区几乎没有氧气。这样，黑海下层的海水长期处于缺氧环境，上层海水中生物分泌的秽物和动植物尸体沉到深处腐烂发臭，产生大量污泥浊水，从而使海水变黑。此外，黑海海水受到了污染，加剧了变黑程度。

与探索发现 DISCOVERY & EXPLORATION

我国四大海域

我国位于亚洲大陆东部、太平洋西岸，是海陆兼备的国家。其中，我国海岸线长达1.8万千米，海域面积辽阔，拥有渤海、黄海、东海、南海等四大海域。

而白海是北冰洋的边缘海。那里气候严寒，终年冰雪茫茫，一年中有200多天被冰层覆盖，阳光照到冰面上会产生强烈的反射；再加上白海里的有机物含量很少，所以人们看到的白海是一片茫茫的白色。

黄海的海水之所以呈黄色，是因为黄河曾从江苏北部沿岸流入黄海，将大量的泥沙带入其中，把这里的海水“染”黄了。虽然现在黄河改道流入渤海，但黄海北部有宽阔的渤海海峡与渤海相通，加上它还有淮河等河水注入，所以海水仍呈浅黄色。

红海位于亚洲阿拉伯半岛与非洲大陆之间，这一带气候炎热，海水的盐度和温度都非常高，这为大量蓝绿藻类的生长与繁殖提供了条件。但这种蓝绿藻类不呈蓝绿色，而呈红色，它们大量存在于红海中，将海水映成了红色。另外，来自撒哈拉大沙漠的红色沙尘经常侵袭红海上空。当狂风卷着红沙来到红海时，大气也被染成一片红色。狂风、海浪、天空，加上岸边的红色岩壁，使这里成为“红色世界”。

美丽的红色海洋

现在，海水的颜色之谜终于揭开了，大自然的奇幻是不是令你感到惊叹？

白海地处北冰洋边缘

谁“削”去了海底山尖

海底山的发现者是谁?
海底平顶山山顶与山脚的岩石，哪个年龄更大?

第二次世界大战期间，美国科学家哈利·哈蒙德·赫斯受军方派遣，对太平洋洋底进行全面调查。调查过程中，他意外地发现了众多海底山。这些山大都分布在海平面200米以下，成队排列着，或独立成峰，或山峰相连。更令人感到惊讶的是，这些海底山的山尖无一例外都是平的。

海底平顶山

那么，这些奇怪的海底平顶山是怎样形成的?又是谁将它们的山尖给削掉了呢?

科学家经过考察后发现，这些海底平顶山呈上小下大的锥状，顶部直径为5～9千米，基座的直径为10～20千米。从山顶到半山腰较陡，而从半山腰往下坡度变缓，呈阶梯状逐级下降。此外，科学家还在这些海底平顶山上找到了大量的火山喷发岩——玄武岩。

海底世界充满了神秘

科学家们由此推断，海底平顶山的山体是海底火山喷发生成的物质堆积的结果。也就是说，这些山峰事实上都是海底火山喷发形成的火山锥。

为什么这些海底火山锥的“顶”是平的呢？对于这个问题，科学家们众说纷纭。

大部分科学家认为，平顶山最初是露出海面的火山岛，后来由于受到海浪的侵蚀而逐渐被“削”成平顶。得出该结论的依据是，他们曾在平顶山顶部找到了一些被磨圆的玄武岩砾石。这些砾石的存在，说明平顶山曾经接近海面，受到过海浪的洗礼。又因为，海浪如果能对碎石起到磨蚀作用，碎石最多位于水下一二十米深。而现在的平顶山山顶已经

山脉不只存在于陆地

位于海下好几百米甚至达1000米以上的位置。在这个深度，海浪根本起不了什么作用。科学家们由此推测，海浪在冲击玄武岩的同时，也把火山的尖顶削平了。

有科学家认为，平顶山是火山喷发造成的

不过，有人对这种说法提出了质疑，因为他们发现平顶山山顶的玄武岩比山脚下的岩石年龄要老。而按照地质学的基本规律，如果平顶山是海底火山多次喷发堆积形成的，那么出现在山顶的岩石年龄应该比山脚的岩石年龄小。

还有一些科学家认为，海底平顶山的“平顶”是当年火山喷发后形成的火山口。由于当时火山口的位置比较接近海平面，大量的珊瑚虫围在火山口四周繁衍生息，使平顶山形成环礁。后来，经过漫长的地质变迁，死亡的珊瑚虫不断堆积，最终使火山口成为平顶。

到底哪种说法更有权威性，科学家还没有达成共识。但是，海底平顶山越来越受到人们的关注和重视，该谜团的揭开指日可待。

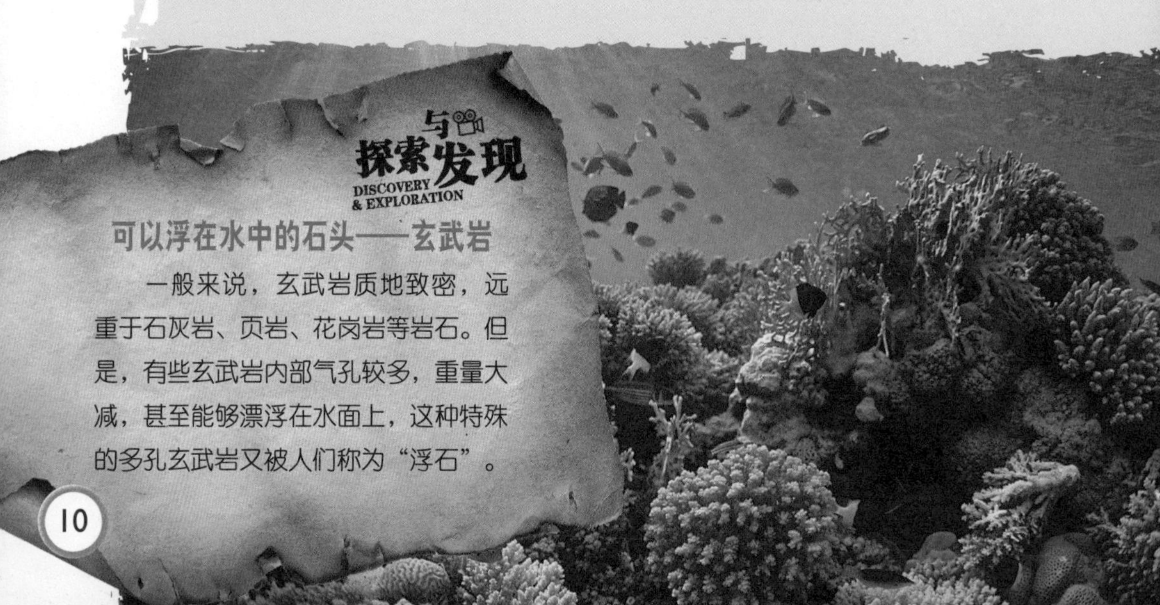

与探索发现
DISCOVERY & EXPLORATION

可以浮在水中的石头——玄武岩

一般来说，玄武岩质地致密，远重于石灰岩、页岩、花岗岩等岩石。但是，有些玄武岩内部气孔较多，重量大减，甚至能够漂浮在水面上，这种特殊的多孔玄武岩又被人们称为“浮石”。

倾听大洋最深处的心跳

马里亚纳海沟是如何被发现的?
海沟是如何形成的?

19世纪后半期，英国“挑战者Ⅱ号”科考船在菲律宾东北、马里亚纳群岛附近的太平洋底，发现了一条很深的海沟，将其命名为“挑战者深渊”，并测量出其深度为10863米。1957年，苏联科学院海洋研究所的一艘海洋考察船“斐查兹号”再次对“挑战者深渊”进行了详细的探测，并用超声波探测仪测得其最深处为11034米。

后来，科学家称这条海沟为马里亚纳海沟。经考证，马里亚纳海沟约在6000万年前就已形成，是太平洋西部洋底一系列海沟的一部分。

据统计，世界各地的海洋中约有30条海沟，其中主要的有17条，仅太平洋就有14条，且多集中在西侧，东边只有中美海沟、秘鲁海沟和智利海沟。

海沟附近地壳运动会引发地震

海沟多分布在大洋边缘，与大陆边缘相对平行，两壁较陡，十分狭长，水深常大于6000米。海沟的斜坡切割强烈，地形复杂，常见峡谷、台阶、堤坝和洼地等地貌。此外，海沟的沟底有红黏土和硅质沉积，也有来自相邻大陆或岛弧的浊流沉积和滑塌沉积。这些沉积物一般厚度不超过1千米。

马里亚纳海沟可以装下珠穆朗玛峰

那么，这么深的海沟是怎么形成的呢？到底是什么力量将这里的地壳压进无尽的深渊呢？

大多数科学家认为，海沟是海洋板块与大陆板块相互作用的结果。当两个板块发生剧烈的相对运动时，水平位置较低的海洋板块就会以倾斜的角度直插入大陆板块之下，大陆板块被高高地抬起，海洋板块则深深地下陷，最终形成长长的“V”形凹陷地带，这就是海沟。

在海沟地带，压在下面的海洋地壳受到巨大的压力而不断向下俯冲，势必会引发天崩地裂般的剧变。

海沟与地震

20世纪60年代，科学家从地震入手，解释海沟带的地壳运动：当地幔下温度高的物质发生热膨胀后，会产生热对流和巨大的向上冲力，使大洋海岭中央部位裂开，形成裂谷带和断裂带；而温度较低的地幔流下降时，地壳会产生凹陷。

海沟附近地壳运动会引发地震

科学家证实，所有的海沟都与地震有着密切的关联，并且沿海沟分布的地震带是地球上最活跃的地震活动带，其震源通常自海沟附近向大陆方向倾斜，给人类造成巨大的灾难。

1923年9月，临近日本海沟的东京、横滨一带发生特大地震，造成14万人死亡或失踪。经证实，这场大地震就是海沟附近的海洋地壳与大陆地壳相互冲撞的结果。

此外，海沟还是重力与磁异常的地带。由于大洋板块的俯冲作用，使海底岩石圈下沉，水层增厚，最终导致了海沟的重力值降低。科学家还发现，阿留申海沟和日本海沟内壁下数十千米处有条带状磁异常，且磁异常的幅度向陆侧逐渐降低。他们推测，这可能是大洋板块向陆侧俯冲的结果。

海沟处磁异常

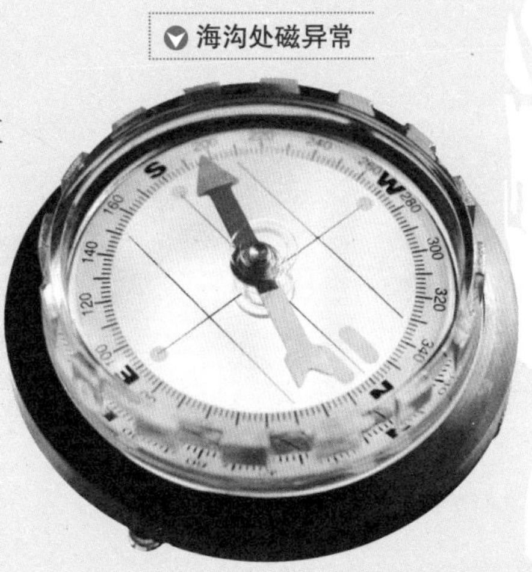

海沟深邃而神秘，它还有许多秘密有待人类去探索和研究。

触摸海洋的“脊柱”

什么是大洋中脊？
大洋中脊为何分布在大洋中部？

19世纪70年代，英国“挑战者号”考察船在对大西洋进行考察时，惊奇地发现北大西洋中部有一条巨大的山脊横卧洋底，纵贯南北。

后来，人们陆续在太平洋、印度洋中发现了类似的山脊。由于这些山脊位于大洋中部或靠近中部，好像海洋的脊柱一样，人们就形象地称其为“大洋中脊”。

大洋中脊也叫中央海岭，脊顶水深大多为2000～3000米，只有少数露出海面成为岛屿。它的地形相当复杂，在纵向上呈波状起伏的状态。岭谷起伏的幅度，一般在中脊顶部附近较大，随着远离脊轴而幅度逐减，这主要是沉积物在中脊顶部厚度较薄，而在中脊两翼厚度逐渐增大的原因。

大洋中脊在构造上并不是连续不断的，它往往被一系列与轴线垂直或斜交的大断裂带所错断。断裂带在地形上表现为一侧是狭长的海脊，另一侧是深陷的槽谷。

大洋中脊与火山地震带

由于洋壳运动，大洋中脊的脊轴或断裂谷处分布着地震带，脊轴左右1～2千米的范围内还有火山活动。奇妙的是，火山经过多次喷发，还会形成不同形态的火山链，与中脊走向平行延伸。

那么，大洋中脊是怎么产生的？为什么它们分布在大洋中部呢？

20世纪70年代，科学家们对大洋中脊的地壳性质、构造运动等进行深入考察后认为，大洋中脊轴部是海底扩张的中心。在这里，地球内部的热地幔物质沿脊轴不断上升形成新洋壳，由于中脊顶部的热量高，这里的火山活动十分频繁。

少数大洋中脊会露出海面成为岛屿

中脊的隆起地形实际上是脊下物质热膨胀的结果。在地幔对流的带动下，新洋壳自脊轴向两侧扩张推移。在扩张和冷却的过程中，软流圈顶部的物质逐渐冷凝，转化为岩石圈，致使岩石圈随远离脊顶而增厚。洋底的岩石圈在扩张增厚的过程中不断下沉，慢慢就形成了轴部高、两翼低的大洋中脊。

当然，大洋中脊还有很多我们不知晓的秘密，相信随着科学技术的进步，人类对它的认识将会越来越全面。

大洋中脊处火山活动频繁

威力无穷的海底风暴

"海底风暴假说"最早是谁提出来的？在哪一年？
海底风暴会带来哪些破坏？

1980年，挪威沿海的某个半岛上正在进行一场精彩的悬崖跳水表演。然而，三十名跳水运动员从悬崖跳进海里后，再也没有露出水面。人们立即派出救生船和两名经验丰富的潜水员寻找他们。当两名潜水员下潜到水下5米深时，一股急流将他们直往海底拖。他们马上紧急求救，一艘瑞典的微型探测潜艇很快赶去救援。让人难以置信的是，这艘微型潜艇入海不久就失踪了。岛上的人们只好请求一艘美国的潜水调查船帮忙。地质学家毫克逊主持调查工作。他目不转睛地盯着探测海底的电视监视器，突然发现离船不远处有一股强大的潜流，而失踪的三十名跳水运动员和两名潜水员的尸体，以及那艘瑞典微型探测潜艇就在那股潜流附近……他感到非常意外，难道真的有海底风暴吗？

其实，早在1963年，美国海洋地质学家霍利斯特在旧金山的一次学

波涛汹涌的大海

南极经常发生的海底风暴

术会议上就提出了海底风暴假说，但人们当时对此嗤之以鼻。

后来，科学家在墨西哥湾300～1000米深的海底发现了巨大的流动水流，这一发现证实了海底风暴的存在。

在有些海域，海底风暴每年会发生数次，并且破坏力比飓风还要大。其所经之处，无论是动物植物，还是礁石或海底通讯电缆、测量仪器都会被掩埋在沉积层之下，甚至连海中的石油钻井都会受到影响。

那为什么会产生海底风暴呢？科学家们对此提出了不同看法。

有的科学家认为，当海水和大气运动的能量积聚到一定程度时，就会产生海底风暴。首先，大面积的海水连续不断地作漩涡状运动，搅起海浪。若海面上空的大气风暴持续数日，海浪就会越来越汹涌，传递到海底的能量也越来越大，海底风暴就产生了。还有的科学家认为，海底风暴是极地冷海水在海洋中陡峭地形的作用下，急速流入海底形成的洋流。这样形成的海底风暴就像陆地上固定方向的季风。在北大西洋和南极洲附近经常发生的海底风暴，可能就是这个原因形成的。

虽然科学家还不能完全解释海底风暴的形成原因，但是希望人们在了解了海底风暴的“脾性”后，能够避免一些灾难的发生。

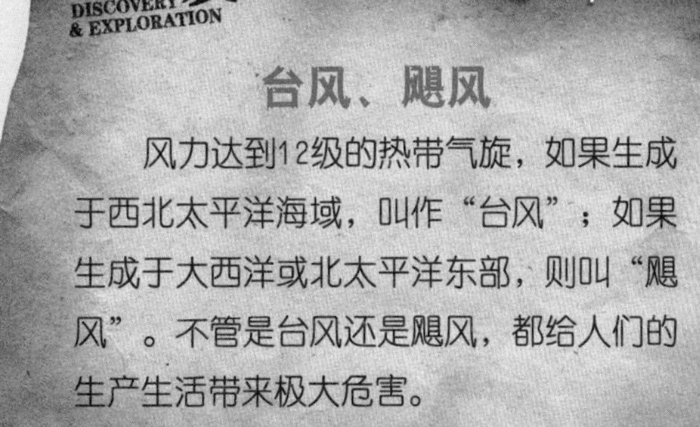

台风、飓风

风力达到12级的热带气旋，如果生成于西北太平洋海域，叫作“台风”；如果生成于大西洋或北太平洋东部，则叫“飓风”。不管是台风还是飓风，都给人们的生产生活带来极大危害。

气吞山河的海底瀑布

已发现的海底瀑布有哪些？
海底瀑布是如何形成的？

唐代大诗人李白有一首名诗："日照香炉生紫烟，遥看瀑布挂前川。飞流直下三千尺，疑是银河落九天。"这首诗生动形象地描绘了庐山瀑布的雄伟和壮观，打动了千千万万的读者，他们无不惊叹于诗人神奇的想象力。然而，比起冰岛和格陵兰岛之间的大西洋洋底的瀑布，庐山瀑布可就是小巫见大巫了！

我国著名的黄果树瀑布

最近，海洋学家在格陵兰岛沿海的航线上测量海水流动的速率。当他们把水流计沉入海中后，水流计被强大的水流冲坏了。后来，他们发现这里水流汹涌，巨大的海水从海底峭壁倾泻而下，形成了一条海底瀑布。这条瀑布宽约200米，高达3500米，水量相当于一秒钟内有25条亚马孙河的河水流入海洋，于是，他们称其为"丹麦海峡瀑布"。

其实，早在100多年前，科学家就推测大洋里存在海底瀑布。但直到20世纪60年代以后，人们才利

世界上最大的瀑布

坐落于委内瑞拉圭亚那高原上的安赫尔瀑布，是世界上落差最大的瀑布。瀑布底部宽约150米，上下落差979米。瀑布被茂密的植被所掩盖，从空中观赏，异常神秘与壮观。

用电子仪器确定它的存在。

除了丹麦海峡瀑布，人们还在大西洋底发现了冰岛—法罗瀑布、巴西深海平原瀑布和直布罗陀海峡瀑布等海底瀑布。

在一些洞穴中也有瀑布

那么，海底瀑布是如何形成的呢？这引起了科学家们浓厚的探索兴趣。科学家经过考察发现，海底瀑布的产生是海水对流运动的结果。以丹麦海峡瀑布为例，由于冰岛和格陵兰岛之间的海水存在温度差异，而二者之间的海底又有巨大的海底山脊，冷海水在向热海水扩散的过程中，受山脊阻碍不断蓄积，最终溢出山脊，形成了海底瀑布。

此外，科学家还发现，海底瀑布具有控制不同地区海洋水温和含盐量的作用。许多海底瀑布是由于温度差异形成的，当冷水向热水流动时，倾泻而下的冷水会与热水混合，并迅速扩散，这样整体上会促使北极海区低温、含盐量大的海水不停地向赤道附近的暖水区流动。而如此大的水体流动，还会造成热量转移，从而影响世界气候和生物生长。

现在，人们还无法欣赏到壮观的海底瀑布，但相信在不久的未来，人们会看到这一奇观，并利用其高落差来发电，为人类造福。

丹麦海峡瀑布位于格陵兰岛附近

海滩隐形“杀手”——海啸

海啸为什么不易被人类察觉？
海啸是如何发生的？

海啸是隐形“杀手”

2004年12月26日，印度尼西亚的苏门答腊外海发生了影响全球的特大海啸。狂怒的海浪扑上海岸，袭击了斯里兰卡、印度、泰国、印度尼西亚、缅甸和非洲东岸的国家和地区，共造成近22.6万人丧生，200多万人无家可归……对于这场浩劫，人们至今仍心有余悸。到底是什么使海浪发疯般扑上陆地，造成了巨大的灾难？难道是大海喜欢跟人类搞“恶作剧”？人类对海啸的了解又有多少呢？

除北冰洋外，太平洋、大西洋和印度洋都曾多次发生海啸。1960年，临近智利中南部的太平洋海底发生9.5级地震，并引发了历史上最大的海啸，波及整个太平洋沿岸国家，造成数万人死亡，就连远在太平洋东边的

海啸给人类带来了巨大灾难

海啸不同于风产生的浪或潮

日本和俄罗斯也有数百人遇难。

科学家经过研究后认为，海啸大多是由海底地震引起的，印度洋大海啸就是由海底9.0级地震引发的。当海底地震发生时，海底部分地层出现猛然上升或下降，导致从海底到海面整个水层的剧烈颤动，从而使水体产生巨大的波浪，波浪传播出去就成了海啸。

探索与发现
DISCOVERY & EXPLORATION

在海啸中不慎落水，如何自救

1.避免被坚硬物碰撞的同时尽可能抓住木板等漂浮物；2.尽量随波漂流，不要挣扎和乱做动作；3.不要游泳和脱衣服，防止热量散失；4.向其他落水者靠拢，相互鼓励，同时扩大目标，等待救援。

当海啸到达海岸时，由于海水的深度变浅，波浪的高度会突然增大，所卷起的海涛犹如一面“水墙”直接扑到岸上，席卷一切。

另外，海底火山爆发、海底滑坡或陨石撞击海面也会引起海啸。

海啸是一种具有强大破坏力的海浪，它与风所产生的浪或潮有很大的差异。一般的海浪只在一定深度的水层波动，而海啸是从海底到海面整个水层的剧烈起伏。海啸波浪在深海里的传播速度最高可达1000千米/小时，不过它在深水区浪高不大、波长又长，所以很难被察觉。

海啸就像一个隐形的“杀手”，常常是不知不觉地穿过海洋，然后在海岸浅水中掀起20～30米的巨浪，给沿海地区带来毁灭性打击。

海啸威胁着人们的生命和财产安全。目前，人们对其研究还不够深入，只能通过观察、地震预警来减少它所造成的损失。

海中漂“雪”为哪般

海雪是怎样形成的？
海雪对人类有害吗？

1729年，人们在地中海沿岸发现了一种大团的白色泡沫状物质，这种物质非常黏稠，还散发出难闻的气味。它们漂浮在海中，就像大团没有融化的“雪”一样，因此，人们称这种物质为海雪。

那么，海雪是怎么形成的？它的主要成分又是什么呢？

科学家经过研究发现，在一些温暖而平静的海域，特别是在夏天，生活在表层海水中的原生生物和细菌代谢产生的有机物很容易结合在一起，形成泡沫状有机物。

这些有机物中有一种叫黏多糖的物质，极易泄漏出来。黏多糖拥有和蜘蛛丝类似的形态，呈线形，且黏度很高。丝状的黏多糖会粘连上许多小物质，如悬浮的球状排泄物、死亡的动植物组织、小型甲壳动物等。随

海雪漂浮在海中，就像大团的“雪”

与探索发现
DISCOVERY & EXPLORATION

甲壳动物

甲壳动物是节肢动物的一种，因体表覆有坚硬外壳而得名。大多数甲壳动物生活在海水中，只有少数生活在陆地上或淡水中。常见甲壳动物有虾、蟹等。被海雪粘连的多为小虾。

着粘连的物质越来越多，当黏多糖的重量超过了海水的浮力时，它们会沉入海底。从海底的角度观察，就好像大片的雪花从空中飘落。

沉入海底之后，这些由有机物组成的“雪花”会为居住在那里的动物提供丰富的食物。

△ 海雪危害海洋生态系统

那么，海雪对人类有没有危害呢？一些亲身接触过海雪的渔民和游泳爱好者认为这种东西十分讨厌，因为它形成的黏性胶状膜会堵塞渔网，还会粘在人的身上，同时散发出怪味。

更为可怕的是，科学家通过分析海雪的样本，发现它容易滋生病毒和细菌（其中包括致命的大肠杆菌），会给海洋生物和人类的健康带来威胁。在海雪里游泳的人，很可能会染上皮炎等皮肤病。而那些别无选择只能从海雪旁边游过的鱼类和其他海洋动物更是经常遭受这种物质所携带的病菌的侵袭，甚至有鱼类的鳃被海雪封住，最终窒息而亡。

▽ 有些鱼会因海雪而丧命

还有科学家忧心忡忡地表示，海雪不仅是地中海地区的一大隐患，还逐渐分布到全球的很多海域。加上近年来海水温度的升高，它不仅在冬季也有可能形成，甚至能持续好几个月。所以，如果人类不采取一些有效的措施，海雪就会成为海洋生态系统和人类健康的巨大杀手。这绝非危言耸听！

探秘厄尔尼诺

什么是厄尔尼诺?
一些异常的气候变化都与厄尔尼诺有关吗?

每当圣诞节前后，南美洲的秘鲁和厄瓜多尔沿海的表层海水常常会出现增暖现象，致使沿海渔场内的鱼产量大幅度减产。沿岸居民对此感到迷惑不解,称这为“厄尔尼诺”(意为“神童”)。

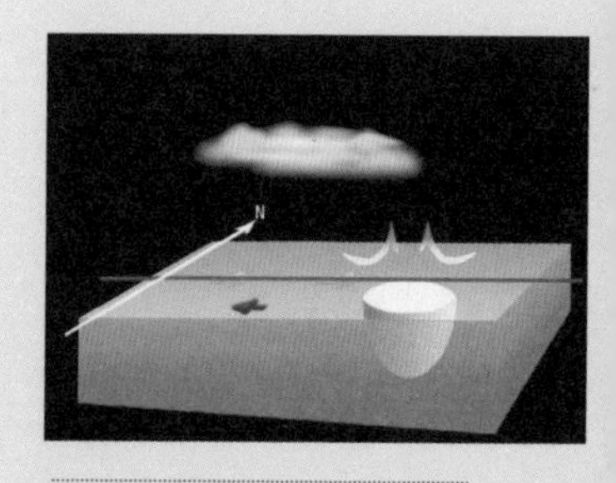
厄尔尼诺形成示意图

厄尔尼诺发生时，海水增暖往往是从秘鲁和厄瓜多尔的沿海开始，逐渐向西传播，致使整个东太平洋赤道附近的广大洋面出现长时间的异常增暖区，造成这里的鱼类和以浮游生物为食的鸟类大量死亡。海水增温，也导致海面上空大气温度升高，从而破坏了地球气候的平衡，致使一些地方干旱严重，另一些地区则洪水泛滥。这种现象每隔3~5年就会重复出现一次，每次一般要持续几个月，甚至一年以上。

有关厄尔尼诺的成因，科学家们提出了不同的观点，有的认为是地球自转、日月引力和地热活动综合作用的结果，有的说是从副热带高压区域吹向赤道低压带广大区域的盛行风减弱引起的。每种解释都不尽完美，其中仍有许多令人迷惑不解的疑点有待解开。

厄尔尼诺引发一些地区洪水泛滥

拉尼娜之谜

拉尼娜与厄尔尼诺有什么关联吗?
拉尼娜会对气候产生哪些影响?

拉尼娜使一些地区受到干旱威胁

与厄尔尼诺正好相反，拉尼娜是指赤道太平洋东部和中部海面温度持续异常偏冷的现象，所以也称“反厄尔尼诺”。“拉尼娜”在西班牙语里是“圣女”的意思。

拉尼娜与厄尔尼诺是赤道太平洋海域水温冷暖交替变化的异常表现，这种冷暖变化过程构成一种循环。

与厄尔尼诺一样，拉尼娜的成因也是一个未解之谜。但可以确知的是，拉尼娜与赤道中部、东部太平洋海面温度的变冷、信风的增强有关，是热带海洋和大气共同作用的产物。

此外，有关拉尼娜对各地气候的影响也众说纷纭。有关专家指出，拉尼娜对气候的影响很难预测，因为它不像厄尔尼诺那样简单。美国科学家认为，拉尼娜可能使美国东南部冬天的温度比正常时期的高，而西北部则比正常时期的低。英国科学家认为，拉尼娜可能会使北美洲西部、南美洲及非洲东部面临干旱威胁，而给东南亚、非洲东南部和巴西北部带来水灾。

海水变冷或变暖均会对气候产生很大影响

相关研究仍在继续，解开拉尼娜的谜团指日可待。

“红色幽灵”的诅咒

赤潮产生的原因有哪些？
赤潮有何危害？

1957年的一天，苏联的一艘货船在阿拉伯海上航行。突然，船上的人们感觉船头好像撞上了什么密集的东西。船长跑到舰桥上一看，顿时大惊失色，只见货船驶入一片红褐色的海域，海面上到处充斥着死鱼，简直是一个惊人的海上“坟场”。

这些鱼是怎么死的？海水又为什么变成了红褐色？难道是有幽灵作怪，给这片海下了诅咒吗？

事实上，根本没有幽灵，更没有诅咒。这种灾害性的水色异常现象被科学家称作“赤潮”，正是它导致了鱼类的大量死亡。

那么，为什么会发生赤潮呢？科学家经过深入的研究，发现赤潮发生的原因很复杂，既有人为因素，也有自然因素。

首先，海水富营养化是赤潮发生的重要原因之一。近年来，大量生活污水和工业废水等不经净化就被排入海中，使海水富营养化严重，这导致了浮游生物的大量繁殖。

其次，水文气象和海水理化因子的变化也是赤潮发生的重要原因之一。据监测

赤潮又被称作“红色幽灵”

被污染的水

资料表明，赤潮多发生在干旱少雨、天气闷热、水温偏高、风力较弱或者洋流流速缓慢的水域环境中。

赤潮会造成大量鱼类的死亡

另外，沿海养殖业的发展也造成一定程度的海水污染，从而使赤潮频繁发生。

赤潮发生时，海中的鞭毛虫等浮游生物会迅速繁殖，从而使海水变红。这些浮游生物的大量繁殖和死亡分解，会消耗海水中的氧气，导致鱼虾等因缺氧而窒息死亡。也有专家认为，鞭毛虫等浮游生物会释放出一种毒素，使鱼类中毒死亡。

赤潮不仅危害渔业，还威胁人体健康。如果人们误食了含有赤潮毒素的海产品，可能会呕吐、腹泻，甚至死亡。

现在，赤潮仍是一种频繁发生的具有危害性的生态异常现象。我们需要更加爱护环境，并加大海洋管理，防止赤潮的发生。

赤潮的颜色

赤潮并非都是红色或红褐色，还会呈现出绿色、黄色或棕色等颜色，这与引发赤潮的浮游生物的种类、数量等不同有关。有些赤潮生物引起的海水变质并不呈现特殊的颜色，但也属于赤潮。

追踪大洋深处的黑潮

什么力量使黑潮出现了弯曲？
黑潮能影响气候吗？

在地球上，黑潮是海洋中规模仅次于墨西哥湾暖流的第二大暖流。其实黑潮是一股含盐量极高、极为纯净的暖流，本身并不黑，只是因为它能很好地吸收光线，很少将光线反射回去，所以看上去它的颜色很重，因此便被人们称为“黑潮”。

海底神秘的潮水带来了众多的鱼儿

黑潮虽然存在于海洋中，但它也像陆地上的河流一样每年都从大致相同的路径经过，整个行程总共有6000多千米。

虽然黑潮每次流经的地区大致相同，但它不像有河床的河流一样精确，它的路径、流幅、伸展深度、流速、流量等随时都在变化着。有时这种变

黑潮流经我国的东海海域

黑潮对我国气候的影响

我国学者经过研究发现，黑潮路径的变化与次年我国南北的旱涝灾害有着密切的联系。比如1953年，黑潮偏离了正常的轨道向北移动，而第二年长江流域便发生了严重的旱灾。

化非常大，在有记录的1934—1980年的47年间竟有25年黑潮路径发生弯曲，其周期为几年到十几年不等。尤其是1981年黑潮发生了大弯曲，而在接下来的1982年地球的气候便出现了异常。这很容易让人把黑潮的弯曲与厄尔尼诺现象联系起来。

黑潮的变化之谜引起了世界各国海洋学家的关注和兴趣，他们纷纷开始进行对于黑潮大弯曲的研究。在千变万化的黑潮迷宫中，有不少无法解释的现象等待人们去探索，其中有几个问题是迫切需要解决的。一是黑潮的蛇形弯曲线之谜。黑潮在流动中有时弯曲度很大，有时弯曲度很小，有时则近乎没有。至于为什么会产生这些变化，人们目前还无法找到答案。二是黑潮影响气象之谜。黑潮流经广阔的洋面时很容易引起气流的不稳定而产生热带风暴，但这只是纯粹的巧合还是它们之间有必然的联系呢？目前还没有定论。三是黑潮支流之谜。黑潮除了干流外，还有一些支流，那么它共有多少条支流？它们又是如何分布的？对于科学家们来说，这一切还有待于进一步考察。

虽然黑潮留给人们许多谜题，但我们相信，这些谜题在未来人们的探索中，一定能找到答案。

大海为何让路

什么是“大海让路”？
大潮和小潮分别出现在什么时间？

在希伯来神话中有这样一个故事：犹太先知摩西在带领犹太民众逃离埃及的途中被红海所阻，于是摩西将手中的神杖指向大海，海水立刻分向左右，让出一条路来，使摩西和族人顺利通过。

当然，这只是一个神话。不过，在韩国珍岛却时常有类似的奇怪事情发生。每年7月，珍岛与茅岛之间的海水会退潮，露出一条长约3000米的海底大路来，当地人称之为“神路”。

这条“神路”是怎么产生的呢？科学家经过调查后发现，在珍岛和茅岛之间的海底原本有一条海路。平时海水涨潮或退潮落差较小时，这条路就隐没在海下。而到了每年的7月，这里的海水变浅，再遇上海水退潮落差变大，这条路便显

希伯来神话中有海水让路的传说

钱塘江大潮蔚为壮观

露出来。

那么，为什么会出现这种现象呢？其实，“大海让路”的现象是一种潮汐现象。

潮汐是在月球、太阳等天体引力作用下所产生的。在万有引力的作用下，月亮对地球上的海水有引潮力。由于天体是运动的，各地海水所受的引潮力不断变化，使地球上的海水发生时涨时落的运动，从而形成潮汐现象。

潮汐分为大潮和小潮。在农历每月的初一和十五左右，太阳和月亮与地球位于同一直线上，二者的引潮力相叠加，会出现大潮；而在农历每月的初八和二十三左右，太阳和月亮各在地球的两侧，二者的引潮力会相互抵消，出现小潮。由于太阳和月亮运动的复杂性，大潮和小潮的出现常会发生变化，而且海水每天涨潮和退潮的时间也不一样，间隔也有所不同。

如今，能让大海让路的潮汐现象已不再神秘，人类还对它进行开发和利用，让其为人类造福。

与探索发现
DISCOVERY & EXPLORATION

潮汐会让地球转慢

科学研究发现，潮汐能使地球自转速度变慢——地球的自转周期每个世纪变长1～2毫秒。这个变化虽然很小，但时间一长就会令人震惊。比如，在3.7亿年前，地球的自转周期约为目前的9/10。

追踪海底“淡水”之源

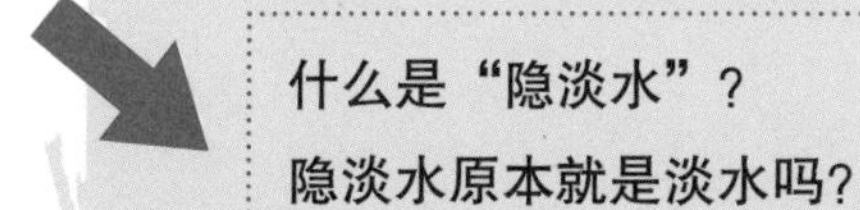

什么是“隐淡水”？
隐淡水原本就是淡水吗？

1986年，苏联海洋学家在太平洋某一水域进行考察时，意外发现一股“淡水”源源不断地从海底喷涌上来，就像喷泉一样。经测定，这股“淡水”的含盐量只有2.5%左右（世界大洋的平均含盐量为3.5%），还有一处考察点的含盐量甚至只有1.7%。

那么，这些“淡水”是从哪里来的？为什么它们的含盐量会如此之低呢？

其实，这些含盐量接近淡水的海水叫“隐淡水”。

经过对这些“淡水”的调查研究，科学家发现它们是从洋底岩层裂隙内喷涌出来的。

一些海洋学研究人员推断，隐淡水并非原本就是淡水，而是一种被淡化了的海水。

他们认为，沉积在海水中的岩石都存在着孔隙，孔隙中都隐藏着水分。在水压的作用下，岩石不断沉积、紧缩，使岩石中的孔隙产生反常的高压，从而发生盐析反应。这种隐淡水就是

有研究人员认为，海底岩石空隙中隐藏着水分

△ 海洋淡水的发现有利于缓解淡水危机

从孔隙中喷涌而出，以“潜流”的形式出现在洋底的。

还有些专家认为，在很久以前的地质历史时期，现在的一些海底可能原来是陆地，陆地存在地下含水层。在历经海陆变迁后，其中的水分被原封不动地保存下来，形成了海底淡水水圈。

另外，海底含水层中的原积咸水在自然条件下，经地下水质的弥散作用和对流作用，也可以自发淡化成淡水。

这些淡水封闭得并不严密，偶尔会向上渗入海水中，从而使某片海域产生淡水。

不过，这些说法都需要进一步去证实，现在还没有完全的定论。

目前，虽然我们还不知道隐淡水的成因，但我们可以对其进行开发和利用，这在一定程度上有助于缓解未来的淡水危机。

探索与发现 DISCOVERY & EXPLORATION

海洋淡水汲取

2003年，法国纳菲雅水公司的研究人员把一根不锈钢管固定在海床上，让海底36米深处的淡水沿管道喷射进位于海面的容器中，再经管道输送上岸。这是世界上首次实现海底工业化取淡水。

地中海的前世今生

地中海地理位置如何？
地中海与古地中海是一回事吗？为什么？

▲ 地中海沿岸风光旖旎

地中海是世界上最大的陆间海，被北面的欧洲大陆、南面的非洲大陆和东面的亚洲大陆包围着，其西面通过直布罗陀海峡与大西洋相连。地中海面积约为250万平方千米，平均深度约为1600米，最深处深达4594米。

地中海也是世界上最古老的海之一。据科学家考证，现在的地中海是古地中海的残留部分。古地中海大约形成于2.8亿年前，面积非常大，覆盖了整个中东和今天的印度次大陆，还有中国大陆和中亚地区。后来，由于地球的板块运动，很多地方浮出海面，成为大

陆间海

从海洋学角度讲，陆间海是指被陆地环绕但具有海洋特性的独特海域，陆间海与毗邻的海洋通过海峡相连。地中海和马尔马拉海分别是世界上最大和最小的陆间海。

▼ 海峡将两块大陆分隔开来

陆。古地中海的范围不断缩小，逐渐呈现封闭状态，最后变成了现在的样子。

为了了解地中海的变迁，许多科学家对它展开了调查和研究。

科学家推断，地中海曾干涸成沙漠

1970年，美国“格罗玛·挑战者号”考察船驶过直布罗陀海峡时，船上的科学家利用现代钻探取样技术，对地中海的海底松软沉积层进行深入取样研究。在钻到1800米深的沉积层时，他们发现了不同寻常的海底碎石层。接着，他们又发现了沉积层下的蒸发岩。

由于蒸发岩是一种在大海干枯的地方才能找到的岩石，所以很多科学家据此推断，地中海曾经干涸过，一度变成沙漠盆地。

如果这种说法是正确的，那为何地中海又变成了海洋呢？

有人认为，地中海干涸后，由于大量的雨水和河水的注入，它很快又成了湖。可是，地中海地区气候干燥，阳光强烈，水分的蒸发速度很快，每年地中海蒸发掉的水分远远大于当地的降雨量和河流的流量。显然，这种说法并不合理。

于是，又有人推测，在大约550万年前，大西洋在地中海西部的直布罗陀海峡冲开了一个缺口，海水像瀑布一样源源不断地流入地中海盆地，地中海才没有一直干涸下去。

科学家还预测，如果有一天，直布罗陀海峡重新合拢，把地中海和大西洋分开，那么只要经过一千年的时间，地中海就会完全干涸。

至今，地中海的前世和今生仍然吸引着科学家探索的目光。

探寻北极之海成因

世界上最冷的大洋是什么洋？
为什么有科学家认为北冰洋是小行星撞击地球形成的？

在地球的北极中心地区，有一片世界上面积最小、最浅和最冷的大洋，表面常年被冰层所覆盖——它就是北冰洋。那么，冰天雪地的北冰洋是如何形成的呢？近年来，这个问题成为科学家争论的热点。

很多海洋地质学家都认为，北冰洋的形成与北半球劳亚古陆的破裂和解体有关。他们通过考察判断，北冰洋洋底的扩张过程起于古生代晚期。当时的北冰洋以地球北极为中心，通过亚欧板块和北美板块的洋底扩张运动，最终产生了现在的海盆。

有些海洋地质学家还认为，“北冰洋中脊”就是产生北冰洋洋底地壳的中心线，北冰洋的海底扩张运动，曾进行过不止一次。

但也有科学家反对上述观点。他们认为2000多万年前的北冰洋只是个淡水湖，到了1820万年前，由于板块运动，狭窄的通道变成较宽的海峡，大西洋的海水开始流入北极圈，这才慢慢形成今天的北冰洋。

2004年，几位科学家从北冰洋的罗蒙诺索夫海岭采集到一些黑色的

北冰洋是世界上最冷的大洋

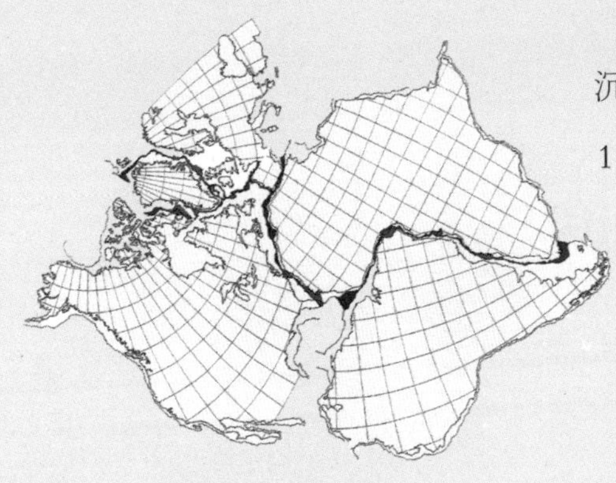

科学家认为北冰洋的形成与板块运动有关

沉积物，他们发现这些沉积物形成于1820万年前到1750万年前。这些沉积物分成颜色不同的三段，其中最下段含有很多没有分解的有机物，这说明当时北冰洋底无法获得足够的氧来分解这些有机物。于是他们猜测，从1820万年前开始，连接北冰洋和大西洋的费尔姆海峡开始变宽，北冰洋的淡水流出北极水面，而大西洋的海水源源不断地流入，正是这些缺氧的海水导致黑色沉积物的形成。

这种说法虽然有一定的道理，但还是遭到另一部分科学家的反对。他们认为，北冰洋是地球吞并小行星留下的撞击坑。他们通过模拟实验，认为北冰洋的罗蒙诺索夫海岭的S形弯曲和弯曲的外弧喇叭口开裂是两边的大陆架顶压造成的。此外，罗蒙诺索夫海岭向下延长了一段距离，这说明其固体地表断片的直体截面露出了海底，而只有小行星撞击地球时才能产生这么大的冲击力。

如此看来，北冰洋的真正成因还有待科学家继续研究证实。

有人认为北冰洋的形成与小行星撞击地球有关

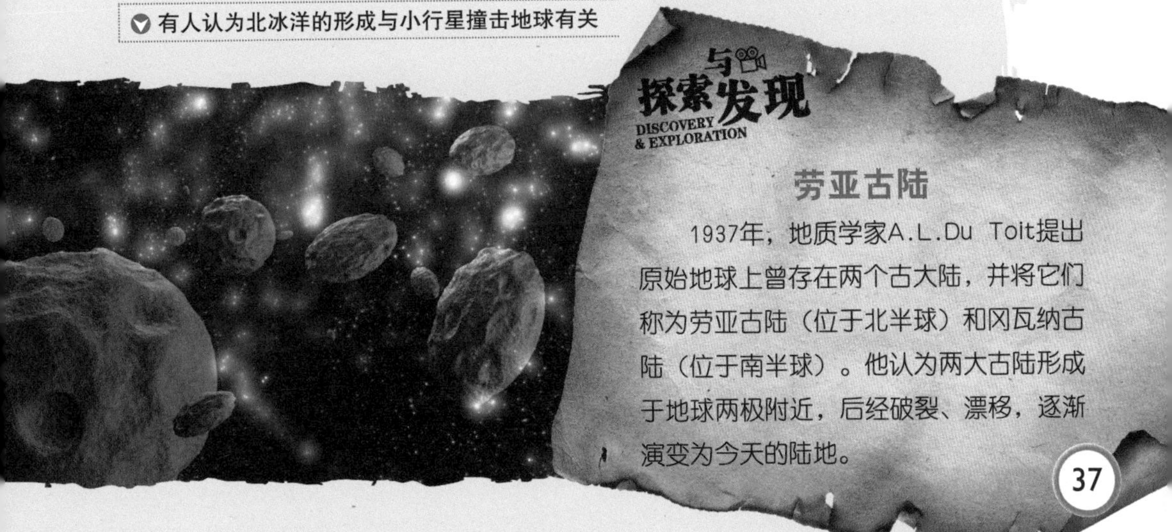

探索与发现
DISCOVERY & EXPLORATION

劳亚古陆

1937年，地质学家A.L.Du Toit提出原始地球上曾存在两个古大陆，并将它们称为劳亚古陆（位于北半球）和冈瓦纳古陆（位于南半球）。他认为两大古陆形成于地球两极附近，后经破裂、漂移，逐渐演变为今天的陆地。

死海会干涸吗

死海是怎么得名的？
死海的水会蒸发殆尽吗？

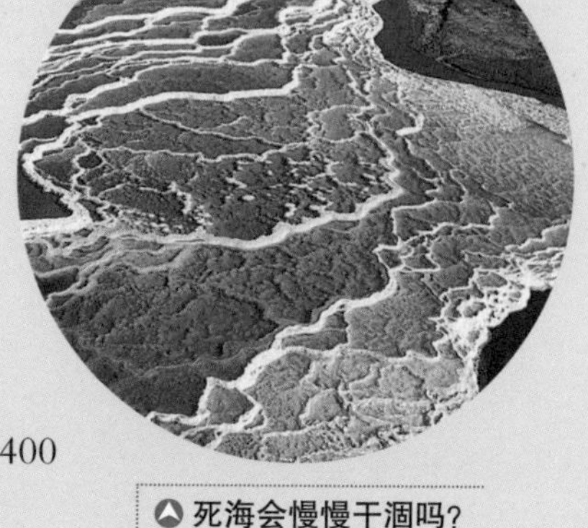
死海会慢慢干涸吗？

闻名世界的死海其实不是海，而是一个内陆湖。它位于以色列和约旦的交界处，南北长75千米，宽5～16千米，低于海平面400米，是地球最低点的一个宁静的咸水湖。

死海水中含盐浓度为22%，高出海水盐含量近10倍，人们只要尝尝死海的水，舌头就会感到一阵刺痛。在这种高盐度的水中，不仅鱼类和水生植物无法生存，甚至连沿岸的陆地上也鲜有生物，因此得名“死海”。由于富含盐分的湖水密度很高，使人不会下沉，故又有“死海不死”的说法。死海四周高山环绕，环境极为奇特。再加上湖水和湖底的黑泥所含的丰富矿物质对人体极为有益，因此每年都吸引着数十万游客来此观光、疗养。

死海浴场

死海当地夏季气温非常高，平均34℃，最高达51℃，因此死海水的蒸发量非常大，这也是死海为什么含盐量如此之高的原因。死海每年如此大的蒸发量不禁让人担心，长此以往，死海的水会不会蒸发殆尽呢？

死海湖底的黑泥有治疗皮肤病的功效

长期以来，在有关死海前途命运的问题上，一直存在着两种截然不同的观点：一种观点认为，死海在日趋干涸，因为向它供水的河流被大量用于灌溉。自20世纪60年代中期以来，以色列截流或分流哺育死海的约旦河、贾卢德河、法里阿河、奥贾河、扎尔卡河和耶尔穆克河的河水，致使流入死海的河流水量剧减，造成了死海面积迅速缩小。据统计，在大约50年的时间里，死海的面积减少了近30%。科学家们分析，如果按照这个速度继续下去，死海最终会在100年之内从地球上彻底消失。

探索与发现
DISCOVERY & EXPLORATION

死海里的生物

死海并非一片死寂，仍有几种细菌和一种海藻生存在这种最咸的水中。其中嗜盐杆菌就是生活在死海里的细菌之一，它具有复杂的DNA修复技术，并具备防止盐侵害的独特蛋白质。

而另一种观点则认为：死海未来会扩大，甚至会变成真正的海洋。持此观点的学者的依据是，死海位于著名的叙利亚—非洲断裂带的最低处，而这个大断裂带还处于“幼年时期”。终有一天，死海底部会产生裂缝，而从地壳深处冒出海水。随着裂缝的不断扩大，死海最终将会与大洋相通，从而变成一个新的海洋。

但是，死海的实际情况实在不容乐观，它的面积正日益缩小，而死海会扩大的观点还没有更多的事实加以论证。因此，死海的未来仍然令人忧心。

死海被寸草不生的群山环抱

为何难寻古海水

海洋形成的年代很久远，那么古老的海水在哪里呢？古老的海水难道都消失了吗？

被陆地包围的内陆海也是寻找古海水的地方

现在，科学家们普遍认为，海洋是古老的，而洋壳是年轻的。那么随之而来的问题就是，海洋里应该有45亿年以前的海水才对。然而，这么古老的海水至今还没有找到。

迄今为止，确定海水年龄的最有效的方法是碳-14放射性元素衰变测定法。在世界海洋的许多区域，由于温度下降或含盐量增加，致使表面水的密度不断增加并向深处下沉。所以，一定的水体在海面上存留的时间应该反映海水的实际年龄。结果测得的各种水体年龄并没有人们想象中的那么古老。北大西洋中层水为600年，北大西洋底层水为900年，北大西洋深层水为700年，南太平洋深层水的年龄范围在650～900年之间。于是，一个疑问产生了：与地球年龄差不多古老的海水到哪里去了？

从理论上说，海水应该是古老的，起码要比洋壳老得多，然而测得的结果却令人迷惑不解。难道说古老的海水真的在海洋中消失了吗？

与陆地水体不同，古老的海水是有可能保存下来的

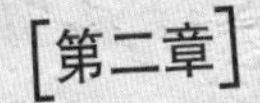

[第二章]

探索海洋奇事

在浩瀚的海洋深处，存在着一些令人谈虎色变的恐怖海域：“魔鬼三角”百慕大三角、“蓝色墓穴”日本龙三角、非洲“骷髅海岸”……长久以来，飞机、船舶只要经过这些地方，就会莫名其妙地失事，飞机、船只及相关人员全都凭空消失，再无影踪……

那么，是什么导致了这些离奇事件的发生？这些恐怖海域到底藏着什么不可告人的秘密？下面这一章，我们就带领大家一起去探索这些不可思议的海洋奇事。

百慕大三角的魔咒

百慕大三角具体指哪片海域?
人们为什么称百慕大三角为“魔鬼三角”?

在大西洋北起百慕大群岛，西到美国佛罗里达州，南至波多黎各之间有一片神秘的海域——百慕大三角。由于这里经常发生飞机、航船失踪事件，人们又称其为“魔鬼三角”。

1945年12月5日14点，美国海军上尉查尔斯·泰勒坐在“复仇者”轰炸机上，准备率领另外4架轰炸机、14名飞行员进行演习训练。此次演习要求飞机从佛罗里达州的劳德代尔堡海军航空基地起飞，从正东方向飞过巴哈马群岛，接着向北飞行，最后再折向西南，返回基地。14点10分，5架轰炸机从基地起飞，飞向万里晴空。起初，飞机按照既定航线平稳地飞行着，地面雷达站收到的信息显示一切正常。一个半小时后，飞

百慕大三角离赤道很近

百慕大三角区神秘莫测，怪事迭出

行队越过巴哈马群岛上空，泰勒准备按照预定计划向北飞行，但他突然发现罗盘的指针不动了。他连忙向另外4架飞机上的飞行员询问情况，结果只有飞行员阿本飞机上的罗盘正常，其余全都失灵了。

泰勒赶紧向基地指挥部报告。在得知泰勒的罗盘失灵，无法报告当前位置后，基地指挥部发出命令，让阿本暂做编队的指挥，其余的飞机尾随其后，直接向基地的方向飞行。

然而，到了16点45分，阿本飞机上的罗盘指针也不动了。

很快，基地指挥部连续收到几份报告："警报，我们又迷航了，目前好像在墨西哥湾的上空……"

基地指挥部的工作人员都很疑惑：当时是下午，即使罗盘都失灵了，只要飞行员能看到太阳，就可以校正航向，他们怎么会飞到离演习区域上百千米以外的墨西哥湾上空呢？后来，基地指挥部收到的信号逐渐减弱，信息也越来越少。到了19点零4分，基地指挥部收到泰勒发来的最后一条信息："我们将继续保持飞行，要么看到海滩，要么将燃料耗尽……"随着雷达信号的中止，泰勒和他的14个伙伴以及那5架飞机，就这样在大西洋上空消失得无影无踪……

基地指挥部立即展开救援工作。19点27分，两架海上搜索机应命前去救援，不料其中一架飞机失踪，12名飞行员去向不明。

6架飞机，27位飞行员，在6小时

经常有飞机在百慕大三角失事

遇难的船只

内全都在百慕大附近失踪，这个消息震惊了美国政府。次日，美国海军出动舰船和飞机，对从百慕大三角到墨西哥湾的海域进行了长达5天的地毯式搜索，结果一无所获。

更令人恐惧的是，离奇的事件仍在不断发生着。1966年，一艘美国油轮在百慕大三角突然消失。同年，一艘渔船也在这一带莫名失踪……对此，人们不禁发出这样的疑问：难道真有魔鬼给百慕大三角下了诅咒，才导致这么多灾难发生吗？科学家对此众说纷纭。

有的科学家怀疑船只和飞机在百慕大三角出事和地磁异常有关，并猜测在百慕大三角的海底有一个巨大的磁场，是它使船只和飞机的罗盘和仪表失灵，从而导致它们迷航、遇难。曾有一位博士在百慕大三角的海面上架起两台磁力发生机，向海水输以十几倍的磁力，进行观察。但是后来一些参加实验的人突然精神失常，这个实验也就不了了之。

有人认为漩涡是船只失事的元凶

还有科学家认为，在百慕大海底藏有大量的沼气结晶体，它们受热或受到震荡就会迅速汽化，释放到水面，大量的沼气泡沫会使这一带的海水密度突然降低。如果此时刚好有船只经过，船只就会迅速沉入大海。如果有飞机经过，空中的沼气会立刻自

燃，把飞机烧成灰烬。

也有科学家反对这些说法，他们认为这是一种叫晴空湍流的怪风在作怪。这种风经常出现在百慕大三角上空，当风达到一定速度时，就会改变风向，在空中形成“气穴”。过往的飞机遇到这种“气穴”，轻则激烈震荡，重则被撕得粉碎，找不到任何残骸。

还有科学家认为，导致飞机和轮船失事的元凶是巨大的漩涡。1979年，科学家在百慕大三角发现了许多直径达数千米、足以吞没过往船只的巨大漩涡，有的漩涡还迅速旋转，导致海水下沉，使海面形成一个巨大的凹面镜。当太阳照射时，一个直径约1000米的漩涡聚光温度可达几万摄氏度，足以使过往的飞机或舰船顷刻间燃为灰烬。

这种说法看似很有道理，但接下来发生的一件怪事又将它否定了。1990年8月，人们在委内瑞拉加拉加斯市的一处偏僻海滩，发现了一艘失踪了24年的帆船——“尤西斯号”，当年这艘船正是在百慕大三角失踪的。因此，另外一些科学家认为，百慕大三角存在时空隧道。当飞机或轮船进入时空隧道时，在其他人看来，就是莫名其妙地失踪了。但是，也许在另一个时间和地点，它们会重新出现。

那么，百慕大三角真的存在时空隧道吗？我们不得而知。我们相信总有一天，科学家会揭开百慕大三角的神秘面纱。

与探索发现
DISCOVERY & EXPLORATION

海底大洞说

对于百慕大三角之谜，还有地质学家提出了更惊人的看法：百慕大三角的海底有个海底大洞，海水流入大洞后，从美洲大陆地下穿过，再从太平洋东南部海面冒出。失事的船只就是坠入了该海底大洞。

幽深的蓝色墓穴

日本龙三角海域曾发生过哪些离奇事件?
用“磁偏角说”解释龙三角之谜为何不成立?

你知道吗，太平洋中还有一片像百慕大三角一样的海域。几个世纪以来，在这里屡次发生船只莫名沉没、飞机离奇失踪的事件，因此这里又被人们称为“太平洋中的百慕大三角”，甚至有人称它为“幽深的蓝色墓穴”。这片恐怖的海域就是日本冲绳海岸的龙三角。

1937年7月2日中午12时30分，美国传奇女飞行员阿米莉娅·埃尔哈德和领航员离开新几内亚，开始环球飞行的最后一程。他们的飞行计划是从龙三角上空飞过，飞行4000多千米后着陆加油。然而没过多久，他们就离奇失踪了！灾难发生后，美国海军立即动用大量人力、物力进行搜救，然而既没有发现两位飞行员的尸体，也没有发现任何飞机残骸。

龙三角被称为“幽深的蓝色墓穴”

埃尔哈德的神秘失踪至今仍是航空界的一大悬案。

1955年，日本政府派出渔业监视船“锡比约丸号”前往龙三角海区执行调查任务。然而，令人吃惊的是，“锡比约丸号”在出发10天以后，突然间同陆地上的导航站失去了联系，从此不知去向。

经常有飞机在龙三角离奇失踪

1980年9月8日，英国客轮“德拜夏尔号”驶入日本冲绳海岸的龙三角海区。这艘巨轮有两艘“泰坦尼克号”那么大，船体长度超过三个足球场，设计堪称完美，并且它已经在海上安全服役四年，因此乘客们感到非常放心。第二天，“德拜夏尔号”在海上遇到了飓风，但是船长并不担心，因为他知道这艘船完全可以应对这种天气。他通过广播告诉人们，大家绝对安全，只是会晚些时间到达港口。他还发出这样一条消息：“我们正在与100千米/小时的狂风和9米高的巨浪搏斗。”谁也没有想到，这竟是他发的最后一条消息。之后，“德拜夏尔号”和船上所有人员消失在了茫茫大海之中……

到底是什么力量吞噬了飞机和船只？龙三角海域到底隐藏着多少秘密呢？科学家们开始用不同的方法，试图解开龙三角之谜。

日本海洋科技中心曾向海底投放了一些深海探测器，这些探测器可以达到大洋最深处。经过长时间的研究，他们发现龙三角西部海域岩浆活动频繁，岩浆随时可能冲破薄弱的地壳。这种情况发生时毫无预兆，其威力之大足够穿透海

恐怖的海面

面，从而影响海上船只的正常航行。而且，这些活跃的岩浆转瞬之间能平息下来，不留下任何痕迹。

另外，这里的大洋板块发生地震时，超声波到达海面表层会形成海啸。海啸在海面生成的海浪只有1米左右，不易被察觉，但其造成的危害却是毁灭性的。因此，有科学家认为龙三角发生灾难的原因是海底地震或海啸。

人们在海底发现了船只残骸

还有科学家提出了“磁偏角说”，他们认为是磁偏角造成了航行中的船只迷航，甚至失踪。磁偏角是由于地球上的南北磁极与地理上的南北极不重合而造成的自然现象。但是，它在地球上任何一个地方都存在，并非龙三角特有，而且早在500多年前，哥伦布就发现了磁偏角。所以将磁偏角作为现代船只失踪和沉没的原因很快被否定了。

据海洋专家观测，强大的飓风经常在日本龙三角酝酿，这片魔鬼海域就像一个飓风制造工厂一样，每年会制造30起致命风暴。不少失事船只的船长在最后时刻发出的只言片语中也提到了飓风。因此，有专家认为，是飓风导致了过往船只上的仪器在一瞬间失灵，使得船只沉入大

浩瀚的大海充满了神秘

地球磁场

海。但是，大型的现代化船舶都是按照抵御最恶劣天气的标准制造的，如果说一场飓风就能击沉它们，这很难让人信服。

另一些专家还怀疑龙三角附近有神秘的引力旋涡，飞机和船只进入后，通信设备就会失灵。此外，每当海底发生地震时，就会导致海啸的发生。海啸引发的巨浪时速可以达到800千米以上，这是任何坚固的船只都经受不起的。如果在海啸发生时又正好遇到飓风，那么遇难者别说自救了，就连喊“救命”的时间可能都没有。

更有人突发奇想，将龙三角海难事故归罪于外星人。1980年8月，苏联的“乌拉基米尔号”舰船驶入日本沿海。一位随船教授突然发现一个不明物体从海底冲上来。该物体呈圆筒状，发出耀眼的蓝光，当它经过“乌拉基米尔号”时，将船的一部分烤得焦黑。几分钟后，它又骤然消失在海洋中。这位教授认为，如此怪异的东西绝非地球所有，一定是外星人的飞船。不过，这也只是猜测，没有足够的科学根据。

究竟是什么原因导致龙三角成为恐怖的海上墓地？目前还没有准确答案，但科学家们比较偏向于灾难是海啸和飓风共同作用的结果。

与探索发现
DISCOVERY & EXPLORATION

“德拜夏尔号”谜团解开

1994年，搜寻专家大卫带领探险队在4000米深的海底找到了“德拜夏尔号”的变形残骸。通过研究，确定了失事原因：被海啸的巨浪架到半空，然后因自身的重力被压成三段，导致瞬间沉入海底。

魔鬼水域鄱阳湖

鄱阳湖为什么被称为魔鬼水域?
鄱阳湖的魔力来自哪里?

鄱阳湖的候鸟保护区

鄱阳湖位于我国江西省北部，湖面南部宽阔，北部狭窄，就像一个美丽的葫芦被安放在长江下游的南岸。然而秀美的鄱阳湖却又无比神秘。许多年来，无数的船只在这里神秘消失，给人们留下了一个个难以解释的谜团。

1945年4月16日，一艘日本轮船在鄱阳湖水面上飞快地行驶着，船上装满了金银珠宝和价值连城的古董文物。突然，在离鄱阳湖“魔鬼三角区”——老爷庙水域2000米的地方，轮船猛然不动了，紧接着便悄无声息地沉了下去，一直落入湖底。不一会儿，湖面又恢复了往日的平静。驻扎在江西省九江市的日本侵略军听到这个消息，立即命人前去打捞那些金银财宝和古董文物。然而，所有的打捞队员都是有去无回。

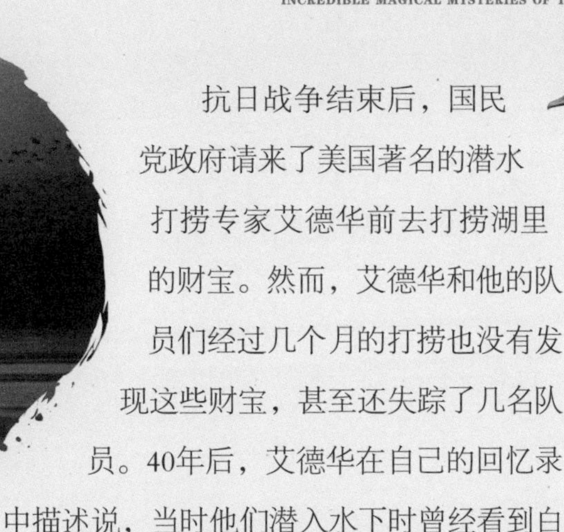

风光秀丽的鄱阳湖

抗日战争结束后，国民党政府请来了美国著名的潜水打捞专家艾德华前去打捞湖里的财宝。然而，艾德华和他的队员们经过几个月的打捞也没有发现这些财宝，甚至还失踪了几名队员。40年后，艾德华在自己的回忆录中描述说，当时他们潜入水下时曾经看到白色的光线向他们照射过来，同时还有一股神秘的力量在吸引着他们。在那股力量的吸引下除了艾德华侥幸逃脱以外，其他队员全都失踪了。

为了解开老爷庙水域沉船之谜，江西省组织了很多科学家对当地的气象做了长期调查。科学家们发现，当地是大风多发区，平均每两天就有一天刮6级以上的大风。由于当地的地势原因，大风到了此处，风速会骤然提高。大风往往能在水面上卷起两米高的巨浪。这么强大的风浪，一般航行在当地湖泊中的船只是承受不住的。因此他们得出结论，风浪便是造成当地沉船的罪魁祸首。如果真相果然如此，那么艾德华看到的白光又是怎么回事？看来鄱阳湖带来的谜题还有待人们进一步研究。

与探索发现
DISCOVERY & EXPLORATION

珍禽王国——鄱阳湖

鄱阳湖地区温暖潮湿，生活着大量的鱼虾螺蚌，是白鹤、天鹅等众多候鸟的理想越冬地。每年10月，成千上万只候鸟从北方飞来，直到翌年春才逐渐离去。因此，鄱阳湖被称为“珍禽王国”。

迷雾笼罩的“骷髅海岸”

“骷髅海岸”位于什么地方？

据科学家推测，造成“骷髅海岸”悲剧的原因是什么？

在大多数人眼里，漫步海滩是一件很享受的事——踏着细浪，踩在松软的金色沙滩上，吹着怡人的海风……然而，如果你走在非洲纳米布沙漠和大西洋之间的一片长约500千米的海岸上，就绝不会如此惬意了，因为这里经常发生空难和海难，还有皑皑的白骨！这里就是恐怖的“骷髅海岸”。

1933年，瑞士飞行员诺尔驾驶飞机从开普敦飞往伦敦，然而起飞没多久，他就失去了联系！地面导航站的工作人员发现，诺尔的飞机当时正好在骷髅海岸附近。之后，警方迅速展开了紧急搜救工作，但时至今日，他们仍然没有找到飞机的残骸和诺尔的尸体。

在骷髅海岸附近，海难比空难更加频繁。1942年的一天，英国货船“邓尼丁星号”载着85位乘客和21名船员在这片海域航行，船上的乘客都陶醉在美丽的

从空中俯瞰，骷髅海岸是一片金色沙漠

大海风光之中。然而，当船行驶到库内内河以南40千米处时，忽然大雾弥漫，狂风骤起，海浪一波波地袭来。最后，随着一声雷鸣般的巨响，“邓尼丁星号”沉没了。

骷髅海岸附近白骨累累

“邓尼丁星号”失事后，地面搜救人员立即展开搜救工作。因为出事的地方正好靠近骷髅海岸，海上的浓雾和周围恶劣的地理环境给救援增添了难度。为了保障救援工作的顺利进行，救援机构派出了两支陆路探险队，出动了三架救援飞机和几艘救援船。经过近四个星期的搜救，救援人员找到了所有遇难者的尸体和生还的船员与乘客，并把他们安全地送回目的地。经过救援，有45名乘客幸免于难。

人们发现，越是靠近骷髅海岸，遭遇似乎就越悲惨。1943年，一批大胆的探险者登上了这条海岸。他们在沙滩上发现了12具无头骸骨横卧在一起，这些骸骨附近还有一具儿童骸骨。这些骸骨半埋在海滩上，经受着风吹日晒。在离这些骸骨不远的地方，探险者们还发现了一块破损

骷髅海岸经常大雾弥漫

与探索发现
DISCOVERY & EXPLORATION

“骷髅海岸”名字由来

诺尔的飞机在该海岸附近失事后，有人预言未来的某一天人们会在该海岸发现诺尔的尸体，“骷髅海岸”因此得名。遗憾的是，诺尔的骸骨至今未被找到，但“骷髅海岸”的名字却流传了下来。

的石板，石板上面歪歪斜斜地刻着一段话：“我正向北走，前往96千米处的一条河边。如果有人看到这段话，照我说的方向走，神会帮助你。”这段话刻于1860年。探险者看到这段话后，越发觉得恐惧，他们不知道继续向前会遇到什么危险，于是匆忙按原路返航。

看到骷髅海岸发生的一桩桩悲剧，我们不禁要问：为什么骷髅海岸会成为灾难的频发地？这里为什么有这么多骷髅？

科学家推测，这可能是当地特殊的地理位置和气候环境造成的。八级大风、令人毛骨悚然的海雾和深海里的暗礁，使这片海岸笼罩着死亡的阴影。当船只在骷髅海岸附近航行的时候，如果遇到狂风四起、大雾弥漫的天气，船只就极易偏离航线。另外，骷髅海岸附近布满了大大小小的暗礁，船只一旦触礁，沉船就在所难免。即使船上的人幸免于难，他们踏上骷髅海岸时，必须面对烈日的暴晒和缺少淡水的严峻现实。此外，海岸上的风沙也能将人瞬间吞没。

当然，这些只是科学家根据骷髅海岸的地貌资料做出的想象和推测，至于是否有其他原因导致沉船事故，还有待进一步研究。

骷髅海岸弥漫着死亡气息

恐怖的海上坟场

是什么导致了马尾藻海海难？

马尾藻海附近有哪些洋流？

在大西洋的中部、巴哈马群岛东北部，著名的百慕大海域附近，还有一片神秘的海域——马尾藻海，这里因生长着大量的马尾藻而得名。在航海家的眼中，这里是不折不扣的死亡禁区——“海上荒漠”和“船只的坟墓”。为什么马尾藻海会有这样令人恐怖的称呼呢？原来，在这片空旷而死寂的海域中，几乎捕捞不到任何可以食用的鱼类，海龟和偶尔出现的鲸似乎是仅存的动物，此外就是疯长的马尾藻。

马尾藻海就像一个巨大的陷阱，船只经过这里时，会不知不觉地陷进去，无法逃脱，最终只剩下船员的皑皑白骨和船只的残骸。1922年，一艘美国货轮在途经马尾藻海时神秘失踪，至今没有找到任何残骸；1924年6月，年轻的生物学家比尔夫妇到马尾藻海考察，他们计划两个月后返回，但是三个月后，他们仍没有回去，从此不知所终……

到底是什么原因使马尾藻海如此神秘恐怖？也许，亨利·巴库

马尾藻海是死亡禁区

福特的经历能给我们提供一点线索。1926年7月，英国航海爱好者、大学生亨利·巴库福特和五位伙伴在暑假里驾驶一艘帆船横跨大西洋，前往美国。很快，巴库福特的帆船就驶入了马尾藻海。随着帆船逐渐深入这片海域，巴库福特一行人闻到了一股令人掩鼻的腥臭味。他们感到恐惧，想赶快离开，可无论他们怎么努力，帆船只能缓慢地航行。

马尾藻海非常适合藻类生长

夜里，巴库福特意外发现有两三条蛇一样的物体正弯曲着躯体，在甲板上爬。他顿时又闻到了更加刺鼻的腥臭味。他赶紧捡起一根短棒，用力对准“蛇”的头部狠狠地打过去，然后急忙回到船舱。

第二天，巴库福特和同伴来到甲板上察看。他们发现那些“蛇”竟然是几根长着章鱼吸盘的海藻，不禁觉得脊背上一阵发凉。就在这时，帆船突然不动了。巴库福特知道如果再不离开这里，他们可能会有生命危险。于是，他们果断地决定弃掉帆船，带上水和食物，乘救生小船划桨往外冲。第三天的傍晚，他们终于划出了马尾藻海。

根据巴库福特一行人的经历，人们猜测马尾藻海海上的真正杀手就是

帆船在马尾藻海寸步难行

海龟

这些神秘的海藻——马尾藻。在这片海域遇难的船只很可能是被马尾藻缠绕，无法正常航行，最终沉入马尾藻海。

科学家在对马尾藻海进行研究和分析后认为，马尾藻是一种喜温的大型藻类，而这里的海水受暖流影响，水温较高，非常适合马尾藻生长。而且，马尾藻生长十分迅速，海面上几乎到处是它们的身影。此外，它们身上有无数的小气囊，这些气囊可以使它们漂浮在海面上。而马尾藻之所以能够爬上船，可能与其特殊的气囊结构有关。

但是，也有的科学家认为，船只在马尾藻海遇难与这里终年无风、船只缺乏航行动力有关，并非是马尾藻的“魔力”所致。他们经过调查，发现马尾藻海处于湾流、北大西洋暖流、加纳利寒流和北赤道暖流四大洋流包围之中。由于各种洋流的共同作用，这片海域常年无风，这对古老的依靠风和洋流推动才能前行的帆船来说，无异于绝境。

那么，船只在马尾藻海出事还有其他原因吗？我们不得而知。

地球表面的洋流分布

探索与发现
DISCOVERY & EXPLORATION

马尾藻海小档案

马尾藻海位于北纬20°～35°、西经35°～70°之间，水域面积五六百万平方千米。马尾藻海与大陆毫无关联，没有海岸和海域分界线，严格意义上并不算海，属于大西洋中的特殊水域。

神出鬼没的“幽灵潜艇”

什么是USO？

1944年，美日海军在马里亚纳群岛激战中，是谁救了双方落水的士兵？

说起UFO，很多人都知道这是不明飞行物。但是，你听说过USO吗？它们叫不明潜水物，经常在海洋中神出鬼没。在这些不明潜水物中，出现最频繁的是一种反应和速度奇快的潜艇，由于它像来去无踪的“幽灵”，因此有“幽灵潜艇”之称。

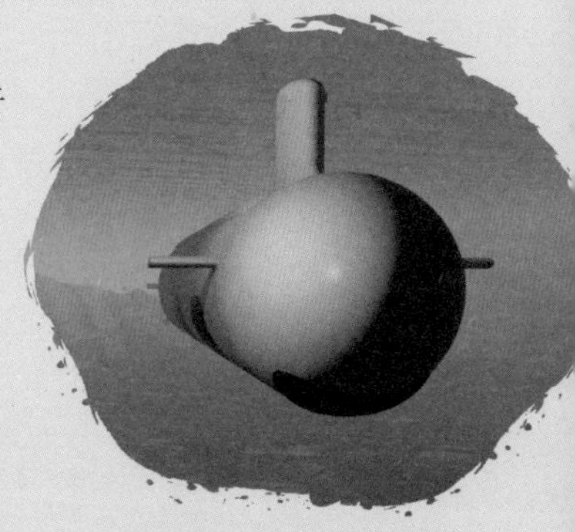

USO反应和速度都特别快

那么，是谁制造了“幽灵潜艇”？又是谁在驾驶它呢？在相当长的一段时间里，美国、苏联等超级大国曾经对其进行追踪、搜索，并耗费了大量的财力和军力，最终却劳而无功。

1942年至1943年，正值第二次世界大战，美国和日本为争夺南太平洋中的战略要地——莫尔兹比港和瓜达尔卡纳尔岛，展开了激烈的海战。激战中，日本联合舰队发现有一艘神秘的潜艇在“监视”他们，他们急忙把炮口对准那艘潜艇。但不等日本的军舰开炮，那艘潜艇已不知

USO即不明潜水物

"幽灵潜艇"在众目睽睽之下突然消失

去向。与此同时，美国航空母舰"小鹰号"也发现一艘神秘的潜艇在跟踪它。"小鹰号"刚做出反应，神秘的潜艇便消失得无影无踪。

1944年，美日海军在马里亚纳群岛再次发生激战，一艘艘战舰燃烧着沉入海底，水兵们纷纷跳进大海逃生。这时，那艘神秘的潜艇又出现了，然而它只是"袖手旁观"，并不介入战斗。当水兵们在海浪中绝望地挣扎时，一股神秘的海浪把他们推向了己方舰船派出的救生艇附近，许多落水士兵因此得救。

那艘神秘莫测的潜艇令美日双方惶恐不已。它为什么要跟踪交战的双方？为什么出现在战场却不参战？为什么会搭救双方落水的水兵？

起初美国人怀疑那是德国人制造的潜艇，但是如果德国人拥有潜艇，早就用在战争中了，何至于被强大的英国海军牵制直到战争结束呢？于是他们又怀疑是苏联人制造了"幽灵潜艇"，但找不到证据。

进入20世纪60年代，"幽灵潜艇"频频"亮相"。

1963年，美国潜艇在大西洋波多黎各东海举行演习。美国海军的声呐装置探测到一艘神秘的潜艇以惊人的速

人们猜测，"幽灵潜艇"可能是间谍潜艇

度向演习区域驶来，美海军指挥官立即派出驱逐舰和潜艇追踪。神秘的潜艇并不急于逃跑，而是与美海军舰艇玩起了“猫捉老鼠”的游戏，两小时后才消失在海洋深处。

鱼雷

与此同时，苏联海军也为舰队屡屡遭遇不明身份的潜艇跟踪而大伤脑筋。从第二次世界大战到1991年苏联解体，苏联海军的航海纪事中一共记录了90多起“幽灵潜艇”跟踪苏联舰艇的报告。

为了捕获“幽灵潜艇”，美国和苏联都煞费苦心，并付出了惨重代价：美国失去了两艘先进的核潜艇，苏联有三艘核潜艇“失踪”。

20世纪80年代末到90年代，“幽灵潜艇”又潜入挪威、瑞典等一些军港，令北约集团惊恐不安。

1990年，北约集团海军在开恩克斯纳海湾举行大规模军事演习，“幽灵潜艇”堂而皇之地露出海面，悠闲自在地“观战”。北约海军的十多艘先进的战舰向“幽灵潜艇”发射了可以自动追寻目标的反潜“杀手”鱼雷，不料“杀手”鱼雷不知去向。北约海军用空前密集的炮火和深水炸弹企图摧毁“幽灵潜艇”，“幽灵潜艇”却一下子从他们的雷达屏幕上消失，使他们失去了攻击的目标。当北约海军的指挥军官们惊讶不已时，“幽灵潜艇”又突然浮出海面，出现在官兵们的面前。这

潜水员曾在水下遇到海底人

时，所有军舰上的无线电通讯系统和雷达系统全部失灵，直到“幽灵潜艇”离开后，所有电信系统才恢复正常。

关于“幽灵潜艇”的身份之谜，科学家提出了不同的看法。

有的科学家认为，“幽灵潜艇”可能是人类的另一分支——海底人乘坐的交通工具。1992年，法国潜水专家拉马斯克在加勒比海水下寻宝时，突然发现从一座圆体大建筑物内游出一个前半部似人、后半部似鱼的怪物。当时，半人半鱼怪物也看到了拉马斯克，双方都感到惊诧，各自急忙游走了。于是，科学家由此推测，人类进化时，很可能分成了两支：一支生活在陆地上，一支生活在海洋中。在海洋中生活的人类比陆地上生活的人类更先进，他们在大洋深处建立了高度的文明。但是，这一说法目前尚未得到证实，因为海底人是否真的存在，没人知道。

USO是类似UFO的交通工具吗？

还有的科学家更大胆地猜测，“幽灵潜艇”是外星人的杰作。因为以人类目前掌握的科学技术，不可能设计出速度那么快、技术那么先进的潜艇。那些“幽灵潜艇”就是潜伏在大海中的外星人的交通工具，他们正在静静地关注地球人……

那么，还有其他可能吗？“幽灵潜艇”到底是某些军事强国的间谍潜艇，还是其他智能生物的发明呢？这一切至今还是一个谜。

探索与发现
DISCOVERY & EXPLORATION

“库尔斯克号”核潜艇的沉没

1999年，俄罗斯海军的“库尔斯克号”核潜艇在巴伦支海域沉没，艇里的118名官兵全部遇难。对此，有人说是潜艇内鱼雷舱发生爆炸引起了这场灾难；有人猜测它是受到了“幽灵潜艇”的撞击……

被下了魔咒的“死水”

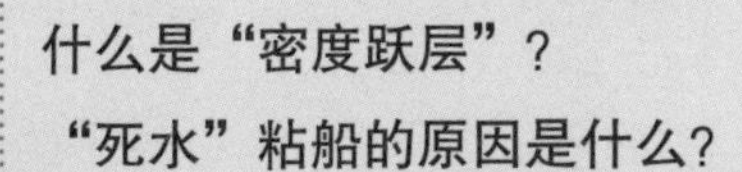
什么是“密度跃层”？
“死水”粘船的原因是什么？

100多年前，在大西洋的西北洋面上，一艘渔船像往常一样进行着捕捞作业。渔船把网撒到海里后，开始拖着渔网前进。突然，船员们发现渔船好像被海水“粘”住了，一动不动。他们大吃一惊，脑海中顿时浮现出一系列海怪的传说：难道是渔船被海怪困住了吗？

船长立即命令船全速前进，但是，尽管螺旋桨飞速地转动着，船还是纹丝不动。船长认为肯定是渔网拖住了什么东西，就下令立即收网。可是，仿佛有一只巨手在拉着渔网，要把渔船拖下水。船员们只好砍断了渔网，但船仍被牢牢地“粘”在海面上，寸步难行。幸运的是，过了片刻，有人发现渔船开始动弹了，起初是慢慢地移动，接着越来越快，最后终于脱离了那片令人恐怖的海域。

到底是什么让海水有如此大的“粘力”呢？难道这是一片被海怪下了魔咒的“死水”吗？

无独有偶，1893年8月29日，挪威

海中真的有海怪吗？

探险家南森也遇到了类似的事件。当时，为了证实北冰洋里有一条向西的海流经过北极，再流到格陵兰岛的东岸，南森不顾亲人的劝阻，造了一条没有龙骨和机器的漂流船，并将其命名为“弗雷姆号”，之后便带领船员出发了。那天，当“弗雷姆号”行驶到俄国喀拉海的泰米尔半岛附近时，船突然被海水“粘”住了。船员们都感到很恐慌，也以为遇到了海怪。但有着多年探险经验的南森表现得很镇定。他认真地测量了不同深度的海水，发现这片海域的海水竟然是分层的，靠近海面的是一层不深的淡海水，而下层才是咸咸的海水。于是，他认为自己的船遇到了“死水”，船之所以被“粘”住也与海水的分层有关。到了晚上，海上刮起了风，“弗雷姆号”终于可以扬帆前进，驶出了“死水”区。

是什么“粘”住了船?

后来，南森开始与其他海洋学家共同研究海水分层的秘密。

众所周知，海水的密度随着温度和盐度的变化而变化。一般情况

现代轮船不易被“死水”粘住

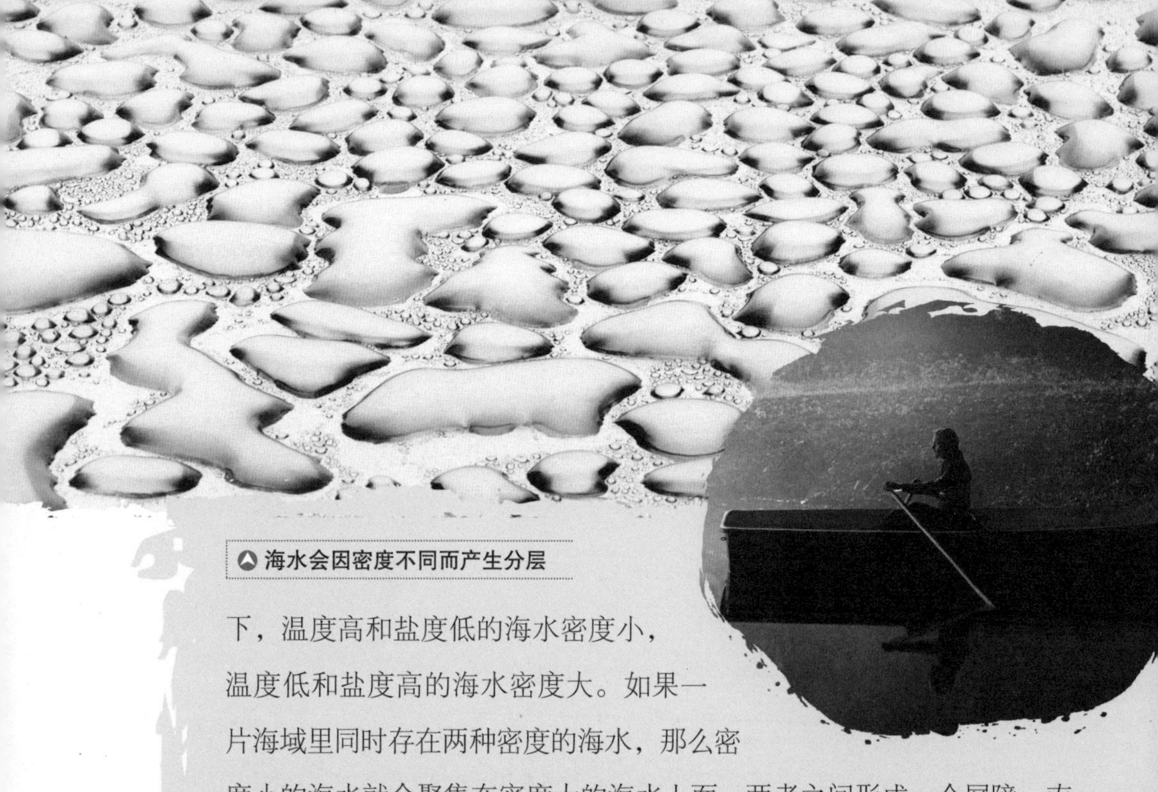

海水会因密度不同而产生分层

下，温度高和盐度低的海水密度小，温度低和盐度高的海水密度大。如果一片海域里同时存在两种密度的海水，那么密度小的海水就会聚集在密度大的海水上面，两者之间形成一个屏障，南森称这个屏障为“密度跃层”。因此，南森等人认为“密度跃层”是海水“粘”船的根本原因。接着，南森等人又做了进一步的研究，终于弄清了其中的秘密。

原来，如果有风力或引潮力等外力作用在“密度跃层”的界面上，界面就会产生在海面上根本看不到的波浪，即内波。当船只行驶到存在“密度跃层”的海上时，如果船的吃水深度等于上层水的厚度，船桨的搅动就会使“密度跃层”产生内波，内波的运动方向同船前进的方向刚好相反。如果这时船速很低，船就会被“粘”住，寸步难行。

至此，“死水”粘船之谜终于揭晓。随着航海技术的发展，现代轮船的船速大大加快，“死水”粘船的现象就很少发生了。

与探索发现
DISCOVERY & EXPLORATION

“密度跃层”反弹声波

“密度跃层”的上下界面都会使声波产生反弹，是良好的水下“声道”，可以加快声波的传播速度，扩大声音的传播距离。比如，1960年澳大利亚海域发射了深水炸弹，爆炸声在北半球都能听到。

威德尔海的魔力之谜

威德尔海有什么魔力？
幻象是怎么产生的？

在航海者眼里，海洋中存在着几个绝不能靠近的禁区，那里是船员们的噩梦，会令他们有去无回。位于南极附近的威德尔海就是其中的一片海域。许多年来，大量的船只在此失事，这片海域由此蒙上了一层神秘的面纱。

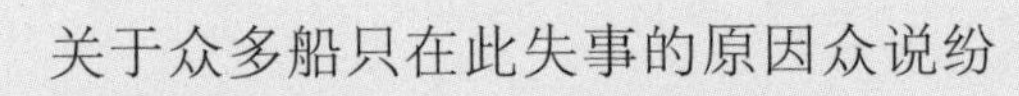

关于众多船只在此失事的原因众说纷纭。有幸存者称，船只在威德尔海中航行，就好像在梦幻的世界里飘游，因为那里的冰山时常变幻出各种奇异的颜色。有时船员们明明看到巨大的冰山迎面撞来，可到了眼前却是虚惊一场。有时船员们为了躲开虚幻的冰山，却与真正的冰山相撞。

为什么威德尔海会出现如此多的幻象呢？有人认为，这是船员们在雪白的世界中产生的幻觉。也有人认为，这是太阳的光线照在光滑的冰山表面所反射回来的幻影。孰是孰非，无人知晓，威德尔海至今神秘依旧。

在威德尔海看到的冰山令人虚实难辨

不断长大的红海

红海的扩张速度是多少？
红海为什么会不停地扩张？

红色的海洋——红海

在非洲北部与阿拉伯半岛之间，有一片狭长、颜色鲜红的海，这就是红海。它是印度洋的陆间海，也是东非大裂谷的北部延伸。

1978年11月14日，在红海阿发尔地区发生了一次火山爆发，浓烟滚滚中火山喷出了大量的熔岩。一个星期以后，人们经过测量发现，红海的南端竟然扩张了120厘米！实际上，红海是个“幼年海”，就像一个还在发育的婴儿一样。它一直在进行着扩张活动，如果没有突发情况发生，红海平均每年可以扩张1厘米左右。

到底是什么力量支持红海扩张呢？要揭开红海的扩张之谜，就得从它的形成说起。

红海的水下两侧有宽阔的大陆架，海底如同一个巨大的“刻槽”，深深地嵌进两侧的大陆架之中。而在主海槽中部又断裂出一个轴海槽，使红海海底形成“槽中有槽”的地貌。

火山喷发出大量熔岩

红海是东非大裂谷的北部延伸

经过对红海海底的研究，科学家认为，在距今约4000万年前，地球上根本没有红海。后来，在今天非洲和阿拉伯半岛两个大陆轴部的岩石基底发生了地壳张裂，当时有一部分海水趁机而入，使裂缝处成为一个封闭的浅海。在大陆裂谷形成的同时，海底发生扩张，熔岩上涌到地表，不断产生新的海洋地壳，古老的大陆岩石基底则被逐渐推向两侧。后来，由于强烈的蒸发作用，使得这里的海水又慢慢地干涸，厚厚的蒸发岩沉积下来，形成了现在红海的主海槽。到了距今约300万年前时，红海的沉积环境突然发生改变，海水再次进入红海。红海海底沿主海槽轴部裂开，形成轴海槽，并沿着轴海槽发生缓慢的海底扩张。

由于红海不断扩张，它东西两侧的非洲和阿拉伯大陆也在缓慢分离。据专家估测，如果按目前平均每年扩张1厘米的速度计算，也许再过几亿年，红海会变成像大西洋一样浩瀚的大洋。

当然，这只是理论推测，一切还有待时间去证明，有待科学家们进行一次次探索……

红海沿岸风景怡人

“红色的海洋”

红海的名字是从希腊文中翻译过来的，意思是“红色的海洋”。但事实上，很多时候，红海并非红色的，只有海面出现大片红色海藻时，才会呈现红色。

他们为何笑着死去

德军潜艇里的官兵是怎么死的？
什么是笑气？

在日常生活中，当我们听到幽默的笑话或碰到有趣的事时，会忍不住说："真是笑死我了！"当然，这只是我们形容自己很开心而已。但是，世界上还真发生过笑死人的事呢。

1915年，英军发现了一艘奇怪的潜艇

1915年，英德两国海军交战正酣。10月的一天，英军观察哨发现一艘挂着德军旗帜的潜艇浮出海面，既不航行也不下潜，而且对日渐逼近的英军潜艇视而不见。英军指挥官立即派出一支水兵先遣队登上潜艇查看究竟。登上潜艇的几个水兵小心翼翼地打开舱门，等了一会儿，见没有动静，几个胆子大的水兵就冲了进去，里面马上传来他们恐怖的尖叫声。原来，他们发现潜艇上的德国官兵像蜡人一样死在各自的战位上，脸上露出可怕的笑容。他们不知如何是好，就将潜艇拖回了港口。

潜艇被拖到码头停靠后，英军指挥官亲自带领几名技术人员和医务人员上了潜艇。

潜艇里的官兵全部死去

经检测，潜艇内氧气瓶中含有笑气

血红蛋白有携氧能力

他们发现潜艇上的德国官兵确实都含笑死在各自的战位上，而且潜艇内设备完好无损，没有任何战斗迹象。

这艘潜艇到底发生了什么事呢？为什么那些德国官兵们死前还会开怀大笑？难道他们被鬼魂附身了吗？

为了解开谜团，专家组对潜艇进行了详细检查。后来在对艇内的氧气瓶进行化验时，他们发现补充氧气中混入了大量笑气，正是这些笑气使德国官兵们在“狂笑”中死去。笑气学名一氧化二氮，有麻醉作用，人体一旦大量吸入，就会精神异常兴奋，大笑不止，同时会使人体血液内的血红蛋白形成变性血红蛋白，失去携氧能力，最终缺氧而死。

那么德国官兵们又是怎么吸入大量笑气的呢？

根据潜艇上的航海日志记载，这艘潜艇曾下潜到海底，值班水兵为了清洁艇内的空气，就补充了大量的氧气。

专家们推测，值班水兵在补充氧气时，由于潜艇的气体系统不够严密，氧气阀又没有关好，导致大量的笑气随之而入，最终使艇员们在大笑中因缺氧窒息而死。另外，潜艇的压缩空气阀不是绝对气密，时间一长，潜艇逐渐漏气，就慢慢浮出海面，被英军发现了。

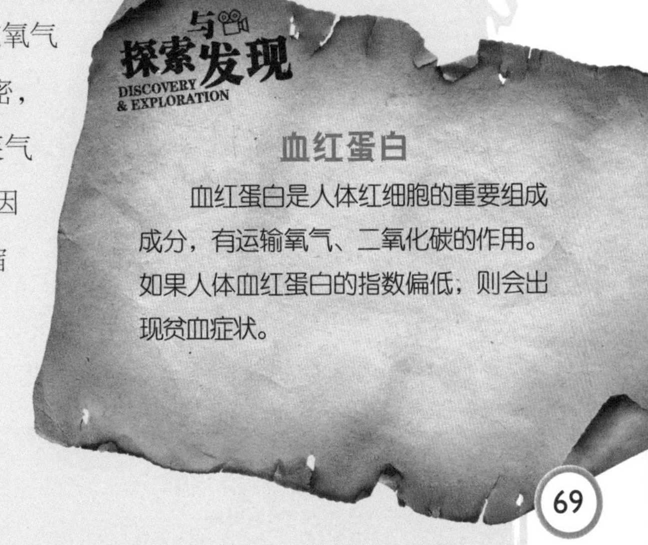

探索与发现

DISCOVERY & EXPLORATION

血红蛋白

血红蛋白是人体红细胞的重要组成成分，有运输氧气、二氧化碳的作用。如果人体血红蛋白的指数偏低，则会出现贫血症状。

惊悚的吸船岛

为什么很难在世百尔岛发现船只残骸？
“死神岛”附近为何灾难频发？

世百尔岛寸草不生

在加拿大东海岸，有一个叫世百尔的小岛，岛上寸草不生，没有动物，只有遍地坚硬的青石头和细沙。谁会想到，这竟是一个死亡小岛：船只一旦行驶到附近，船上的指南针就会突然失灵，整只船会像着了魔一样被小岛吸过去，然后触礁沉没……几百年来，有500多艘航船在世百尔岛附近神秘地沉没，丧生者多达5000余人。因此，这个小岛被人们称为“死神岛”。

1898年7月4日，法国的“拉·布尔戈尼号”海轮不幸在世百尔岛触沙遇险。美国学者别尔得到消息，以为船员们登上了世百尔岛避难，便自费组织了救险队前去救援。可是，他们找了几个星期，一无所获。

岛上的浅滩经常移动位置

历史资料表明，在世百尔岛那几百米厚的流沙下面埋葬了许多海盗船、捕鲸船、载重船和世界各国的近代海轮。由于岛上的浅沙滩经常移动位置，因此人们偶尔能发现一些航船的残骸。19世纪，一艘美国快速帆船在世百尔岛失踪，过了几十年，那艘帆船的船身才露出海面。然而，船体很快又被30米高的沙丘掩埋了。

▲ 数百艘船在世百尔岛沉没

1963年，岛上的灯塔管理员在沙丘中发现了一具人骨、一只靴子上的青铜带扣、一支枪杆和几发子弹，以及12枚1760年铸造的杜布朗金币。此后，他又发现了一叠19世纪中期的面值为100万英镑的纸币。

那么，到底是什么魔力使那些船投向“死神”的怀抱？世百尔岛藏着什么惊人的秘密呢？

后来，一些航海家和科学家组成考察队，登上了世百尔岛。他们勘察了该岛周围的海底地质情况，发现这里竟然有大量的磁铁矿。因此，科学家推测，发生在世百尔岛的灾难与这些磁铁矿有关。当航船进入这个磁铁矿区，指南针、电罗经等会受到干扰而失灵；如果再向其靠近，到了磁性最强的地方，钢铁造的船会被磁铁矿吸住，不断地下沉，直至沉入海底。至此，世百尔岛的吸船之谜终于被揭开。

探索与发现
DISCOVERY & EXPLORATION

海底磁力线条带

二战后，科学家使用磁力探测仪对大西洋中脊进行古地磁调查，发现大洋底部存在等磁力线条带。每条磁力线条带长约数百千米，对称分布于大洋中脊两侧，且磁性刚好相反。

行踪不定的幽灵岛

幽灵岛为何时隐时现？
幽灵岛是泥沙堆积而成的吗？

在茫茫的大海上，有一些奇怪的岛屿。它们行迹诡秘，时隐时现，人们便把这些奇怪的岛屿称为“幽灵岛”。1831年7月10日，一艘意大利船只行驶在地中海西西里岛西南方的海上时，船员们看见海面上突然涌起一股直径大约200米、高20多米的水柱。转眼之间这股水柱就变成了一团烟雾弥漫的蒸汽，然后升到近600米的高空，并在整个海面上扩散开来。船员们从未见过如此景观，全都惊得目瞪口呆。

8天以后，当这艘船返回时，船员们发现这儿出现了一个以前从未有过的小岛。小岛冒着浓烟，许多红褐色的多孔浮石和大量的死鱼漂浮在四周的海水中。以后的10多天里，小岛不断地“长个儿”，由4米长到60多米高，周长扩展到4.8千米。

奇怪的是，两个月后，小岛又在人们的视野中消失了。在以后的岁月中，它又在同一位置多

海洋上的神秘岛屿

海洋上的浮冰

次出现，但很快又隐藏起来。类似这种岛屿忽隐忽现的现象，在地中海、太平洋海域及北冰洋均发生过。

对幽灵岛的形成，科学家们用现在已知的理论，还无法给出合理的解释，只是做了一些推测。有人认为，幽灵岛下面有浮冰，因此它们能在大海里时隐时现。有人推测，幽灵岛下有巨大的暗河，河流带来大量泥沙，泥沙在海底越积越高，直至升出海面，形成泥沙岛。在汹涌的河流冲击下，泥沙岛因被冲垮而消失。还有人认为，幽灵岛岛屿的隐现是海底的强烈地震与海啸造成的。到目前为止，人们还没有找到让人信服的解释。

海洋上有很多小岛会不定期失踪

探索与发现 DISCOVERY & EXPLORATION

南太平洋上的幽灵岛

1943年，日军发现南太平洋上有一个无人居住的海岛。不料一个多月后，海岛竟然消失了。战后，日本、美国派出大型考察船前来搜索，结果一无所获。

销声匿迹的“瓦洛塔号”

“瓦洛塔号”造船及试航时，曾出现过哪些不祥预兆？
伦敦调查法庭排除“瓦洛塔号”质量问题的依据有哪些？

现代化豪华大客轮

1909年7月20日早晨，在澳大利亚的阿德莱德港，一艘开往伦敦的英国蓝锚公司的新轮船“瓦洛塔号”鸣响汽笛，催促乘客上船。可15岁的女孩麦瑟娜却号啕大哭，拼死不肯上船，她说自己梦见“瓦洛塔号”沉没，所有乘客葬身大海。她的父母哪里肯信，强行把她拽上了甲板……7月23日晚上，在“瓦洛塔号”临近非洲海岸时，另一位旅客索耶先生也做了噩梦。他梦见一位奇怪的男子拿着一把鲜血淋漓的长剑，恶狠狠地向他扑来，而且他一晚梦见了三次。第二天，当船停泊在南非德班港时，索耶先生赶紧下船，等待下

热闹繁华的港口城市

一班开往伦敦的航船。

7月26日早晨6点，“瓦洛塔号”又起锚西行。这天晚上，住在德班某旅馆的索耶先生又做了一个梦，梦见“瓦洛塔号”被汹涌的巨浪击中船侧，船突然向右翻倒，然后沉入大海。第二天一大早，索耶先生就去英国蓝锚公司驻德班办事处，将他多次梦见“瓦洛塔号”沉没的事告诉工作人员。但是，工作人员并没有把他的话放在心上。

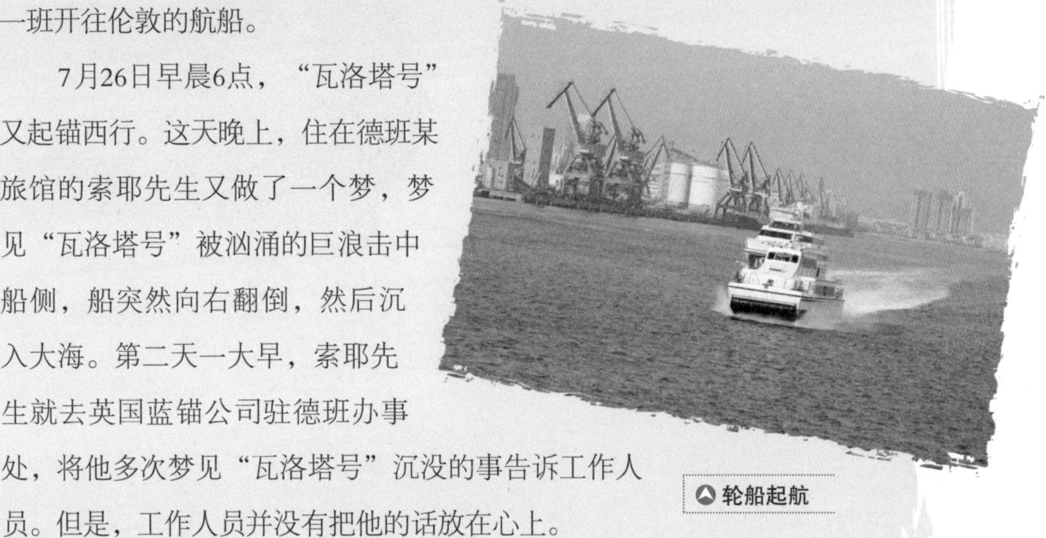
轮船起航

可是，不幸似乎被索耶先生言中了，“瓦洛塔号”从此消失在茫茫大海中，杳无音信。据说，最后一次看见“瓦洛塔号”的是同属蓝锚公司的“麦克殷泰尔号”。7月27日上午，两艘船在大海中相遇，双方船长用电报互相问候后，又继续前行。据“麦克殷泰尔号”上的水手回忆，“瓦洛塔号”消失在他们的视野时航行得很轻快，似乎一切都很正常。而在这一天夜里，“麦克殷泰尔号”遭遇了飓风和大浪，直到7月29日才脱险。一个月后，“麦克殷泰尔号”抵达伦敦提尔贝里码头，而“瓦洛塔号”则没有出现。蓝锚公司意识到出事了，一方面将此事通报伦敦调查法庭，一方面派出一艘轻巧的新船“塞本号”进行搜寻。与此同时，

女孩梦见“瓦洛塔号”沉没

澳大利亚也派出战舰“色文甲”号赶赴南非海面搜寻。两艘船以好望角为中心，在印度洋、大西洋的海面上方圆15000海里的范围内搜寻了三个月，结果一无所获。

“瓦洛塔号”真的消失了吗？船上还有211名旅客啊！这期间，一艘从澳大利亚返回的“托腾罕号”上的水手曾向伦敦调查法庭透露，8月20日，他们沿着非洲西海岸航行时，在海面上发现了很多漂浮的尸体。但他们并没有停下来打捞尸体，因为那样做船东们会不高兴。

“托腾罕号”水手们的证词使伦敦调查法庭的工作人员大惊失色，因为这似乎可以证明“瓦洛塔号”遭遇了海难。但是，他们没有找到“瓦洛塔号”相关漂浮物的实证，无法证明“瓦洛塔号”的倾覆。

可是，作为一艘设备先进的新船，“瓦洛塔号”怎么会凭空消失了呢？据造船厂的工人们说，最初在造这艘船时，就有不少不祥的预兆：比如，工人们常被落下的横梁或钢板打中，有个工头一天晚上外出后再也没回来……在“瓦洛塔号”试航时，也有某些不祥的预兆：船本身似乎头重脚轻，不平稳，碰到大浪就摇摆不停。

但船东们却坚信该船是“世界上最安全最坚固的客船”。前皇

与探索发现
DISCOVERY & EXPLORATION

梦的解析

梦是一种正常的生理活动，当我们进入睡眠时，有些大脑细胞仍在活动，于是就有了梦。梦的内容大多与我们平时所思所想有关，以我们的认知记忆为基础，因此并没有预知祸福的功能。

家海军造船部主任怀特爵士也说该船“毫无瑕疵，非常稳固”。海军建筑师罗伯特也说：“没有任何强风或惊涛骇浪能够倾覆它。”

伦敦调查法庭在听取了多方的意见后，最后宣布排除“瓦洛塔号”存在质量方面的问题，同时还宣布不接受任何超自然的理由，比如索耶先生的噩梦、出事前有不祥预兆等。

那么，是什么力量使“瓦洛塔号”从此销声匿迹了呢？直到1934年，事情终于有了线索。这一年，一个叫詹普里特利斯的南非探矿者在临终时突然向人吐露，说他在1909年夏天曾见到“瓦洛塔号”倾覆。据他回忆，当时他正在南非海岸边的一处小海湾找矿，却被一场可怕的飓风困住了。当他无意间张望大海时，突然看见一艘大船朝海湾摇摆而来，很快，船被风浪彻底掀翻，沉入海中。

飓风过后的海岸

人们问这位探矿者，为何当蓝锚公司及有关人员在南非海面及海岸到处调查、寻访时，他不出来说明此事。他解释说：“我那时候是在非法采矿，一旦被警方知道，会处以很重的刑罚，因此我不敢说出看到的事。”俗话说：“人之将死，其言也善。”也许这位探矿者临终时的话是真的。不过，他当时有没有看走了眼呢？即便看到的是真的，那艘沉船就一定是“瓦洛塔号”吗？

一百多年来，“瓦洛塔”号的失踪之谜仍然没有破解，它留给世人的是无尽的疑问。

豪华客轮

喀麦隆的“杀人湖”

尼奥斯湖逸出的杀人毒气到底是什么？
是什么原因造成毒气大量逸出？

从湖中逸出的气体使湖区显得雾气蒙蒙

在非洲喀麦隆西北乌姆附近有一个尼奥斯湖，海拔1091米，长2500米，宽1500米，平均水深200米，为一火山口湖。

1986年8月21日夜里，一向很平静的湖水突然发出一阵隆隆巨响，从湖中腾起一股气柱。这些气体很快形成了一股紧贴地面的云雾，笼罩在湖区附近的村庄上空。这一情况延续了5天，喷发的气体使湖区周围1200余名居民中毒身亡，数百人受伤，大量牲畜死去。“杀人湖”由此得名。

这次灾难引起了全世界的关注。然而，尼奥斯湖为什么会喷发毒气呢？当时，人们普遍认为这与火山活动有关，但是以后的调查结果却否认了“火山活动说”。1987年3月，来自全世界的200多名科学家参加了

迁居别处的尼奥斯湖湖区幸存村民

火山口湖

在喀麦隆首都雅温得举行的尼奥斯湖灾难国际科学讨论会。会上，专家们得出结论：从尼奥斯湖喷出并酿成灾难的气体是二氧化碳，它是从湖底溢出湖面的，而不是湖底火山喷发出来的。

湖底为什么会积聚大量二氧化碳气体呢？通过探测人们发现，尼奥斯湖的湖底有许多地下水喷泉，其中有些含碳酸盐较高的碳酸钠泉。当地球内部的二氧化碳沿地壳裂隙缓缓上升时，在碳酸钠的作用下溶解于地下水中，又通过湖底的碳酸钠泉进入尼奥斯湖，并积聚在湖底，使湖中溶解的二氧化碳越聚越浓。那么，又是什么因素使湖水猛然间出现大搅动呢？有专家推测，这次喷发是由于湖底的水接触到火山口下炽热的岩石，形成一股暴发的蒸汽，把湖底含有大量二氧化碳的湖水冲出了水面。但大多数人认为，只需一次轻轻的震动，湖水中的气体便会释放出来。还有人认为，湖水水面由于季节转换而变凉，同下面较暖的水形成对流，导致了气体外逸。可是以上这些说法都仅仅是猜测，具体暴发机理还不是很明确。尼奥斯湖今后还会不会泄漏毒气呢？这还无法确知。

与探索发现
DISCOVERY & EXPLORATION

二氧化碳对人的影响

空气中含有约0.03%的二氧化碳，它与生命活动息息相关。当其含量超过0.1%时，人普遍会有不适感；含量在8%～10%时，人呼吸困难，意识不清；含量达30%时，人便会死亡。

尼奥斯湖

听声降雨的迷人湖

在听命湖，人们真的能“呼风唤雨”吗？
声波为什么能够引发降雨？

在我国云南的高黎贡山上，有一处神奇而秀丽的湖泊，叫听命湖，又名迷人湖。它东西略长，南北略宽，面积约0.13平方千米，平均水深约7米，湖水是由雨水和融雪汇集而成的。

人们到了听命湖畔只能轻声细语地说话，如果大声叫喊，本来晴朗明丽的湖面上空顷刻间便会乌云密布，甚至立即下起雨来。讲话声音越高，雨就下得越大；讲话时间越长，下雨的时间也就越长。过去，凡是遇到大旱之年，山下的百姓就备好祭祀品和雨具，到听命湖畔祈求天神降雨。人们摆好祭品，搭好雨棚，然后载歌载舞，不一会儿听命湖上空便乌云翻腾，风雨随之来到，真的实现了“呼风唤雨”，蔚为神奇。

为什么会出现这种现象呢？有人认为，这与当地的地势、气候、水源有密切的关系。听命湖四周森林密布，湖区上空弥漫着富含水分的浓雾，当遇到声波震动，雾中的水珠就凝聚成雨降下来。当然，这一解释还有待深入的研究和进一步论证。

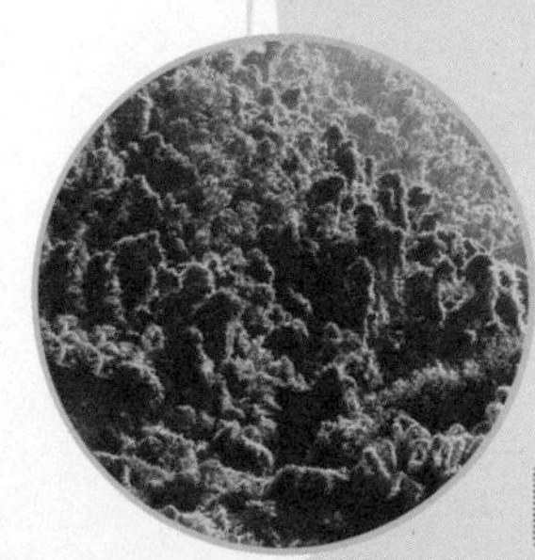

云南高黎贡山的原始森林

迷人湖

上冷下热的南极怪湖

南极怪湖的水温具有什么样的特点?
是什么原因导致湖水上冷下热?

南极埃里伯斯火山下的冰海

在南极罗斯海附近，有一个长3千米、宽2千米的咸水湖，叫班达湖，湖面上结着三四米厚的冰层。可是令科学家们奇怪的是，在冬季－45℃的情况下，湖面下几十米深处的水温却达25℃，完全违背了湖水水温的分布规律。

这是什么原因造成的呢？地质学家开始认为地下有热源，但经过考察之后，他们发现班达湖附近没有任何地热活动。于是，又有科学家提出“太阳辐射说”：南极夏季拥有很长时间的日照，湖面水温因太阳辐射增高；冬季湖面结冰使湖水盐度增高、密度增大，于是夏季增温的水会因密度大而下沉，就形成了底层水温比湖面水温高的现象。支持这一学说的人补充说，热辐射能穿透冰层直达水底，这样冰层以下湖水的水温逐年增高，而由于底层湖水密度大不会上升到表层，因而保持了较热的水温。事实上，冰层对热辐射还有反射作用，因此这一解释难以让人信服。如今这个谜团仍困扰着人们。

南极班达湖

彼奇湖为何会产沥青

彼奇湖为什么能自动将开采的大坑填平？
彼奇湖的沥青是由地壳运动形成的吗？

彼奇湖位于美洲加勒比海东南的特立尼达岛上，这个湖面积约0.36平方千米，湖里没有多少水，但是湖中心却源源不断地涌现出优质的天然沥青。这里的沥青漆黑油亮，被人们称为“乌金”。曾经有人用工具探测彼奇湖，发现在湖心90～100米的深处仍是沥青。更奇怪的是，这个湖似乎有一种神奇的本领，一夜之间就能自动将开采沥青的大坑填平，所以湖面从不因开采而下降。据一些地质学家估算，如果以每天开采100吨沥青计算，即使再开采200年，湖中的沥青也不会被开采尽。为什么彼奇湖会蕴藏着如此丰富的沥青呢？

传说，彼奇湖沥青的成因与印第安人有关

在当地流传着这样一个神奇的故事。数百年前，生活在这里的印第安人视蜂鸟为他们祖先的灵魂，虔诚地供奉着蜂鸟。在他们的保护下，这里成了蜂鸟的家园，没有人捕杀

彼奇湖的优质沥青是建设公路的好原料

沥青在公路建设中功不可没

或伤害蜂鸟。一次，一个勇猛的印第安部落打败了外敌的入侵，当夜，他们举行盛大的庆功宴。席间，有人将捕来的蜂鸟活杀，做成菜肴供大家品尝。谁料这一举动竟招致灭顶之灾。天神为了惩罚这些残暴的人，就将整个村落连同这个部落的人一起深埋到地下。不久，这里就开始汩汩地冒出沥青，形成了沥青湖。

当然，传说不足为信，地质学家们专注于从科学的角度出发，寻找彼奇湖沥青的成因。有些地质学家认为，彼奇湖正好处于两个断层的交界处。由于古代地壳变动，岩层断裂，因而沉积在深层的石油和天然气被挤压上来，经长期与泥沙等物化合，最终变成沥青。以后，这些沥青又不断地在海床上堆积和硬化，形成了沥青湖。还有的地质学家认为，这里原来是一座死火山，湖泊是石油和天然气在地底下与软泥流等物质长期混合，以后又涌到死火山口才形成的。

到底哪一种说法更可信呢？相信随着科学的发展，人们很快会知道答案。

探索发现
DISCOVERY & EXPLORATION

彼奇湖的古树干

1928年，彼奇湖附近的居民突然看到一根4米多高的树干从湖中冒出，直到一个月后它才慢慢沉到湖里。不少科技工作者闻讯而来，对树干进行鉴定，结果发现，这树干已有5000多年的历史了。

彼奇湖的湖心居然出现了类似这样的古树干

罗布泊消失之谜

罗布泊是迁徙湖吗?
罗布泊还能再次出现吗?

如今，罗布泊已消失在广阔无垠的荒漠中

我国新疆的罗布泊是一个充满传奇色彩的地方。它被认为是楼兰古国的生命之源，据说正是因为罗布泊的迁徙，才造成了楼兰文明的消失。

罗布泊的消失并非仅此一次。在20世纪上半叶，罗布泊变成了盐滩。而据史料记载，在临近的地方竟戏剧性地出现了一个新的湖泊。可如今，罗布泊又完全干涸。难道，它又一次迁徙了吗?

罗布泊内的土丘

由于罗布泊深藏在沙漠深处，人们要想靠近它十分困难。但是为了揭开罗布泊消失的真相，长期以来，无数中外探险家舍生忘死深入罗布泊考察。

有人认为，汇入罗布泊的塔里木河携带大量泥沙，造成了河床的淤塞，于是罗布泊便自行改道，游移到了别的地方。有人认为，由于河流上游大量引水灌溉，造成了罗布泊的干涸。不过我们关心的是，罗布泊真的从此枯竭，不再重生了吗?这个问题看来只有期待后人来回答了。

时隐时现的变幻湖

乔治湖时隐时现的原因是什么？
现在的乔治湖是什么样子的？

变幻湖的真名叫乔治湖，位于澳大利亚首都堪培拉与沿海大城市悉尼之间。它的神奇之处在于行踪不定，每隔一段时间就会消失，过些日子又重新出现。

消失前的乔治湖

从1820年至今，乔治湖已经消失和复现5次了，最近一次消失是在1983年。现在呈现在我们面前的是一个滴水全无的洼地。科学家们曾对这一奇怪的自然现象进行了多年的研究。

有人认为，乔治湖是时令湖，水源主要是河水和雨水，如果当年雨量少，水分大量蒸发，湖水就会干涸；如果降雨充足，河水丰盈，湖水又会再现。也有人认为，乔治湖是个“漏湖”，它的消失与复现与其所在的地球板块具有开启和关闭的“特异功能”有关。

由于众说纷纭，所以要揭开乔治湖时隐时现之谜尚需时日。

如今的乔治湖已成为天然牧场

海神的怒吼

火山岛是如何形成的？
海底火山可分为哪几类？

船员在海上遇到“电闪雷鸣”

1958年的一个秋夜，在大西洋亚速尔群岛附近的海面上，一只航船突然遭遇了一场巨大“风暴”。暗夜里，船上的海员看到不断有“电光”闪烁，又听到“巨雷”轰鸣。然而，该船的气象员却根据气象和天文图等做出结论：附近没有形成风暴或雷雨的气象因素。

这是怎么回事？是什么使海上发生了这样的“电闪雷鸣”？难道是海神发怒了？诸多的不解让暗夜里的人们感到恐慌和不安。

“电闪雷鸣”之后，海员们看到海面不停地冒水泡，接着一股高达100多米的水汽柱从海底升起。这时，他们才明白过来，原来是海底火山爆发了。所谓的“电光”和“雷声”都是海底火山爆发的结果。

海上会突然长出小岛来吗？

火山喷发的产物

火山口

无独有偶，1963年11月15日，在北大西洋冰岛以南32千米处，海面下130米的海底火山突然爆发，喷出的火山灰和水汽柱高达数百米。第二天，人们发现海里长出一个高约40米、长约550米的小岛。海面的波浪不断地拍打许多堆积在小岛附近的火山灰和多孔的泡沫石，人们担心这个年轻的小岛会被海浪吞掉。但是，火山在不停地喷发，熔岩如注般涌出，小岛不但没有消失，反而不断扩大、长高。经过一年时间，这座火山岛已经高达170米、长1700米了，这就是苏尔特塞岛。

1966年8月19日，这里的海底火山再次爆发，水汽柱、熔岩沿火山口冲出，喷发断断续续，直到1967年5月5日才停止。在这期间，火山岛又长大了，最快的时候一天内扩大0.4公顷，每小时喷出熔岩约18万吨。

那么，海底火山为什么会爆发呢？它们分布在海洋中的哪些区域，又有什么特征呢？

原来，在大洋中脊与大洋边缘的岛弧处，地壳活动比较活跃。当地壳深处的岩浆从地壳裂缝喷发到海中时，释放出巨大的能量，瞬间就能把海水煮沸，并在海

火山熔岩

面上形成巨大的蒸汽柱，这就是海底火山爆发。海底火山喷发时，在海水较浅、水压不大的情况下，常有壮观的爆炸，并产生大量水蒸气、二氧化碳及一些挥发性气体。

此外，海底火山还会喷发出大量火山碎屑及炽热的熔岩。当熔岩在空中冷凝为火山灰后，不断地累积冷却，就形成了火山岛。

海底火山会喷出水汽柱

海底火山分布广泛，据统计，全世界共有海底火山2万多座，仅太平洋就拥有一半以上。这些海底火山有的已经衰老、死亡，有的正处在活跃期，有的则处于休眠期。现有的活火山，除少量分散在大洋盆地外，绝大部分在岛弧、中央海岭的断裂带上，呈带状分布，形成海底火山带。

根据地理分布、岩性和成因上的不同，海底火山分为边缘火山、洋脊火山和洋盆火山三类。大部分海底火山都处于海平面下，只有少数火山露出海面，人们可以一睹它们的真容，这其中最著名的要数位于太平洋中部的夏威夷群岛。

看来，海上“电闪雷鸣”并非是海神发怒，而是海底火山爆发。它具有令人震撼的美感，让人们不禁惊叹于大自然的神奇与魔幻。

夏威夷群岛是火山岛

探索与发现
DISCOVERY & EXPLORATION

夏威夷群岛是火山岛

夏威夷群岛是世界旅游胜地，位于太平洋中部，共有130多座火山岛。该群岛的悬崖绝壁都是黑色或红色的火山岩，构成了一道特殊的风景。岛上有很多活火山，还经常喷发出炽热的岩浆。

诡异的海上光轮

历史上出现过哪些“海上光轮”现象？
关于“海上光轮”的成因，目前有哪几种推论？

在苍茫的暮色中，航行在海上的船只有时会遇到神秘的“海上光轮”。它总是突然出现，然后慢慢消失，让目击者感到意外和疑惑。

1880年5月的一个黑夜，“帕特纳号”轮船正在波斯湾平静的海面上航行。突然，两个直径五六百米的圆形光轮分别出现在轮船两侧。这两个奇怪的光轮各自有自己的中心，它们在海面上围绕着中心旋转，几乎都擦到了轮船边缘。船员们惊奇地看着圆形光轮跟着轮船前进，过了大约20分钟，圆形光轮才渐渐消失。

1884年，在英国的一个协会举行的一次会议上，有人宣读了一艘船只的航行报告。这份报告中也提及了“海上光轮”现象：船上的船员看见两个海上光轮向船身旋转而来，当两个光轮靠近该船时，船只的桅杆竟然一下子倒了，紧接着空气中弥漫着一股浓烈的硫黄味。

大约在90年后，有人在马六甲海峡

海上的船只有时会遇到“海上光轮”

神奇的“海上光轮”

观测到了一次更神奇的“海上光轮”现象。1973年的一天，凌晨2点，“安东·玛卡林柯号”货船的值更员远远地看到了一些光点。起初，他以为是一般的海上发光现象。可是忽然间，那些光点开始旋转，形成一条宽约10～15米的光带。紧接着，光带的两端向同一个方向弯曲，构成一个巨大的光轮，并飞快地做逆时针方向旋转。几分钟后，这些光轮慢慢地分散成一个个小光点，渐渐地消失了。

舰船的桅杆

对于层出不穷的“海上光轮”现象，人们不禁发出疑问：为什么会出现这种怪异的现象？对此，科学家们提出了各种推论和假设。

有的科学家认为，发生这种现象不足为奇，因为舰船的桅杆、吊索、电缆等在夜色中都可能产生旋转的光圈，这种比较大的光圈可能是在某种情况下突然形成的。

也有科学家说，海洋浮游生物会发

出美丽的光芒。有时，两组波浪在相互干扰的作用下，会让发光的海洋浮游生物产生一种有规律的运动。人们远远看去，就像看到了旋转的光圈。

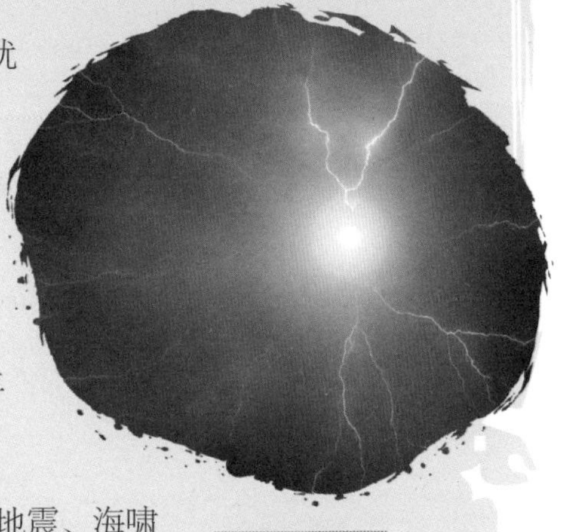
球形闪电

但是，这两种说法只是解释了一般的海上发光现象，并未对那些出现在海平面上空的“海上光轮”现象作出合理解释。

还有的科学家认为，“海上光轮”是地震、海啸灾难发生的预兆。

1933年3月3日凌晨，日本三陆海啸发生时，有人看到浪头底下出现了三四个像草帽般的圆形光轮。它们呈青紫色，横排着前进，发出的光亮甚至可以让人看到海面上漂浮的破船碎块。然而，其他地方发生海啸时，并没有出现“海上光轮”。因此，这种说法也有点牵强。

于是，又有科学家提出新的看法，他们认为“海上光轮”现象可能是由于球形闪电的电击而引起的。但是，这种说法也只是猜测而已，目前还没有证据能证明其真实性。

至今，“海上光轮”现象仍没有一个让大家心服口服的权威说法。看来，科学家还需要做更多的调查和研究，才能最终解开这个谜团。

水母会发出美丽的光芒

与探索发现
DISCOVERY & EXPLORATION

海洋浮游生物

海洋浮游生物是指可以悬浮在水中并随着水流进行移动的海洋植物和海洋动物，常见的有硅藻、甲藻、水母、磷虾等。其中，水母、磷虾等可以发光。

深海里的“黑洞”

希腊克法利尼亚岛附近的这片海域有何神奇之处？
为了探究“无底洞”的出口，人们做了哪些尝试？

一提起黑洞，我们会想起宇宙中能吞噬一切物体甚至光线的神秘天体。其实，在海洋里，也有类似宇宙黑洞的“无底洞”。

在希腊克法利尼亚岛附近的一片海域中，就有一个每天吸取大量海水的“无底洞”。据估计，每天注入这个“无底洞”的海水约有3万吨之多。

然而，一个多世纪以来，这个洞却从来没有被注满过。人们不禁疑惑：那些流进去的海水到底去了哪里？

为了解开这个谜，1958年，美国地理学会曾经派出一个考察队来到这片海域。他们把一种经久不变的深色染料随同海水倒入该洞中，希望

宇宙中的黑洞

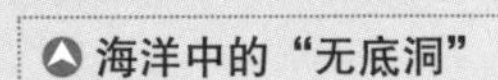
海洋中的“无底洞”

能通过这种染料海水找到洞穴的出口。然而，他们查遍了附近所有的水源，都没能找到染料海水的踪迹。

这到底是怎么回事？难道是海水把有染料的海水稀释得太淡了，让人们根本看不出来吗？……这次考察最终以失败告终，但考察队员们并不甘心。

神秘的洞穴

几年后，这个考察队研制出一种浅玫瑰色的塑料颗粒。这种塑料颗粒能漂浮在海面上，也不会被海水溶解。于是，他们又来到这片海域，将130千克重的这种塑料颗粒统统倒入“无底洞”中，希望能在附近的其他地方找到哪怕一粒塑料颗粒。然而，他们的实验又失败了。

那么，这个“无底洞”到底有没有出口，出口又在哪里呢？

有科学家推测，这个洞可能类似于石灰岩地区的落水洞的地形，它可能另有一个出口，水顺着出口流走了。

当然，这种说法只是一种假设，缺乏证据。至于“无底洞”的出口在哪里，还需要科学家进一步的考证。

另一处“黑洞”

在印度洋北部也有一处“黑洞”，那里海面平静，但船只经常出事。科学家研究发现，那里海水振动频率低，且波长较长。有人据此推测，这片海域可能存在着一个由中心向外辐射的巨大引力场，即海洋中的“黑洞”。

探寻巴哈马蓝洞

巴哈马蓝洞是如何形成的?
蓝洞为什么会吸水和喷水?

在海上，有一些呈深蓝色的圆形水域，深达数百英尺，充满神秘感，这就是“蓝洞”。

在巴哈马群岛附近的海面上，就分布着若干个能吸水和喷水的“蓝洞”。每天涨潮时，蓝洞的海水开始慢慢旋转，把外界大量的海水及漂浮物一齐吸入洞中。而落潮时，这些蓝洞又汹涌地喷出蘑菇状的巨大水柱。几个世纪以来，当地人都认为这种现象是由传说中的一种叫鲁斯卡的怪兽制造出来的。

巴哈马蓝洞

传说，鲁斯卡栖息在蓝洞中，它用长长的触足将食物拖进洞里，等吃饱后再将食物残渣吐出洞外，从而产生吸

与探索发现
DISCOVERY & EXPLORATION

三沙永乐龙洞

在我国海南省三沙市西沙群岛中，也有一处蓝洞——三沙永乐龙洞。该洞深300多米，是目前世界上已发现的最深的蓝洞。传说，永乐龙洞本是定海神针的所在，后来孙悟空将定海神针取走了，这里就变成了深不见底的龙洞。

蓝洞可以吸水，也可以喷水

水和喷水的现象。

但是，事实真的如此吗？这个谜团一直困扰了人们几百年。

为了揭开蓝洞之谜，有人下潜到蓝洞进行考察。他们发现各个蓝洞在水下都有彼此相连的通道，各通道左穿右插，可通至各个地方，就像一个水下迷宫一样。这个发现激起了人们的兴趣，于是，越来越多的人对它们展开了更深入的调查。

还有的人考察了巴哈马群岛一带包括蓝洞在内的地质情况，发现巴哈马群岛是由一连串的石灰平台或石灰浅滩组成的。

于是，地质学家推测，大约在200万年前，一连串的冰期使海平面下降，而后冰期结束，海面又相应回升。经过数百万年的海水与淡水的侵蚀，石灰平台出现了许多石灰岩洞。这些洞窟有的顶部呈穹形，有的顶部坍塌则成为竖井，当海水灌入竖井中，就形成了深深的蓝洞。

随着研究的深入，巴哈马蓝洞吸水和喷水的真相也渐渐浮出水面。原来，每当涨潮时，蓝洞周围的海面会高于附近岛上的地下水位，海水的压力骤然上升，会把大量的海水压入蓝洞中，形成独特的汹涌旋洞。而退潮时，外界海水压力下降，岛上的地下水又会把海水往外压，使海水从蓝洞中喷涌而出。

如此看来，怪兽鲁斯卡只是人们想象出来的，巴哈马蓝洞能吸水和喷水，其实是双向水流流动的结果。

石灰岩洞

奥克兰岛的神秘海洞

“格兰特将军号”的失事地点在哪儿？
后来的探险队找到“格兰特将军号”上的宝藏了吗？

1886年5月4日，一艘叫“格兰特将军号”的帆船慢慢驶出繁忙的澳大利亚麦尔邦港，打算经过新西兰的南部岛屿，开往英国首都伦敦。这艘船上不但载着旅客，还有黄金、皮革、羊毛和其他货物。

早期帆船

一路上，“格兰特将军号”航行得很顺利。5月13日这天傍晚时分，它已经行驶到了新西兰南部的奥克兰岛附近。天黑后，舵手接到值班大副的命令，准备转舵。帆船绕过奥克兰岛，继续前进时，突然被一股急流连推带拉，飞快地朝着奥克兰岛冲过去。

船长发现情况不妙，急忙赶了过来，他和所有的水手们都非常清楚，“格兰特将军号”已经陷入特别危险的境地，如果它不立即改变航向，就会撞到奥克兰岛上。他率领船上的水手帮助舵手一起使劲转动舵柄，但都无济于事。最后，只听“轰隆”一声巨响，船撞

“格兰特将军号”装载着大量金银珠宝

海豹

到了奥兰克岛上的一处石壁上，船舵“咔嚓”一声被折断了。船上的旅客们都被突如其来的声响惊醒了。他们急忙跑到甲板上，顿时被眼前的情景吓呆了：只见船在激流中不停地打着转儿，忽然朝着岛上的另一处石壁撞了过去。更可怕的是，那处石壁旁隐约能看到一个大海洞！

“格兰特将军号”在汹涌的海流中跌跌撞撞，前桅杆被石壁撞成两截后，“啪”地一下掉在了甲板上。船上的人们感觉好像天崩地裂一样，他们只听得见海水的声音，什么也看不见。

天亮后，船长发现“格兰特将军号”正在大海洞的洞口边晃荡，幸好船的桅杆紧紧地顶在洞口上部，不然整艘船早被吞进海洞了。船长决定让旅客们乘坐救生船到附近的岛上去。不料几名旅客刚登上救生船，就遇到海水涨潮，他们急忙将船往远离大海洞的方向划去。

这时，“格兰特将军号”被汹涌的浪潮冲击着，不一会儿，船底就被冲撞出一个大窟窿，海水快速地涌进船舱，船开始慢慢下沉。船上一些强壮的男旅客纷纷跳海逃生，船上的妇女、儿童和体弱的人都被吸进了大海洞里……最后，“格兰特将军号”的大副，还有8名水手、5名旅

海底埋葬着数不尽的宝藏

客侥幸逃到了一个叫失望岛的小岛上，其余人则全部遇难。

失望岛上荒无人烟，那里生活着许多海豹。这些幸存者就靠吃海豹肉来填饱肚子，艰难地度过了严寒的冬天。他们在岛上艰难地生活了两年，终于在第三年被路过的船只发现，成功获救。

洞穴探险

“格兰特将军号”沉入海洞的消息传播开来后，一些寻宝人为了船上的黄金，组成了一支支探险队，前往奥克兰群岛。1890年3月26日，“格兰特将军号”上的一位幸存旅客也带着一艘名叫“达芬号”的船前往奥克兰岛。船上还有一位船长和四名水手。不过，他们出发之后，就杳无音信。其他去奥克兰群岛寻找黄金的船也相继在海上遇到风暴，沉入海底，只有几名水手侥幸地逃生。不过，事后他们回忆说，从没见过“格兰特将军号”的残骸，也没看见那个大海洞。

那么，这又是怎么回事呢？难道大海为了保守秘密，而把大海洞藏起来了吗？也许，这是一个永远解不开的谜……

海洞是被大海藏起来了吗？

与探索发现 DISCOVERY & EXPLORATION

奥克兰群岛

奥克兰岛位于南太平洋，是奥克兰群岛中面积最大的岛屿。1806年，英国人布利斯特发现了该群岛，并将其命名为“奥克兰群岛”。目前，该群岛无人居住。

寻找深海铁塔的建造者

深海铁塔是如何被发现的?
霍尼对深海铁塔有何见解?

埃菲尔铁塔

提到铁塔，很多人会立刻想到法国著名的埃菲尔铁塔。可是你知道吗，除了陆地上有铁塔，在南太平洋海底4500米深的地方，也有一座神秘的“深海铁塔”。

1964年8月29日，美国“爱尔塔宁号”海洋考察船航行到智利的合恩角以西7400多千米处时，开始抛锚停泊，按照南极考察计划开始考察作业。船上的研究人员计划将一台特制的深水摄像机安装在一个圆柱形的钢制保护壳内，用电缆线将其系在考察船上，然后让其慢慢下潜到海底4500米深的地方，对那里的海底进行水下拍摄。

不久，这台深水摄像机被拉上了船。摄像技术员在暗室中对拍摄的胶片进行显影处理时，在一张胶片上竟然意外地发现了一个十分古怪的东西，它明显和其他胶片上拍摄的内容不同。

当这张胶片被洗成照

南极考察

片后，研究人员清晰地看到一个顶端呈针状的水下铁塔，从铁塔中部还延伸出四排芯棒，芯棒与铁塔垂直，每个芯棒的末端还有一个白色小球……总之，这座神秘的水下铁塔很像一部塔式电视发射天线，而且看上去并非固定在海底某处。

摄像机

海底幽深而浩瀚，而深水摄像机由于受电脑程序的控制，只有间隔固定的时间后才能开机拍摄，它能拍到这座铁塔，可以说是非常幸运。

这一年12月4日，“爱尔塔宁号”完成考察任务，驶入新西兰的奥克兰港后，参加这次考察的海洋学家托马斯·霍普金斯向媒体公布了这张水下铁塔的照片。当记者询问照片上是什么东西时，托马斯·霍普金斯答道：“它肯定不是海洋植物。在4500米深的海底根本见不到阳光，这意味着那里不可能有光合作用，植物不可能在那里存活。不过，这有可能是一种奇特的珊瑚类生物，但过去我们从没听说过这类生物。我认为这是一座铁塔，而且它并非人类建造，因为目前人无法到达这么深的海底。而且，从照片上看，它根本不像是自然形成的。”

后来，新西兰UFO研究者们把这张照片的复制品寄给从事月球遥

深海铁塔可能是一种奇特的珊瑚类生物

海底深邃而神秘

控探测器指令研究的美国著名航天工程师霍尼，询问他的意见。霍尼认为，这座神秘的水下铁塔是测量地球地震活动的传感器和信息转发器，并推断它的建造者并非地球人，而是来自太空的外星人。霍尼还推测，外星人借助安装在海底的这一地震传感器和信息转发器，能更及时、精确地掌握地震信息，并传达给他们的外星同胞。与此同时，他们还会将地震信息传送给世界各国的地震局。

霍尼的话语一出，舆论不禁哗然。如果他的推断是正确的，我们就会产生这样的疑问：既然世界各国政府获得的地震信息来自外星人的海底传感器，那么他们为什么会否认外星人参与地震预报这一事实呢？

究竟是谁借助技术手段将这座水下铁塔安装在那么深的海底呢？

现在，科学家还在继续研究这座海底铁塔，我们期待海底铁塔的秘密有朝一日能被揭开。

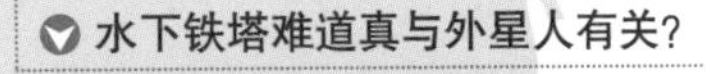

水下铁塔难道真与外星人有关？

探索与发现
DISCOVERY & EXPLORATION

埃菲尔铁塔小档案

埃菲尔铁塔伫立在巴黎塞纳河南岸，由法国桥梁工程师居斯塔夫·埃菲尔设计，于1889年完成。它是世界建筑史上的杰作，也是巴黎的标志性建筑之一。

沉睡海底的古城

新嵩喜八郎在与那国岛水下发现了什么？
木村政昭是如何看待这些海底遗迹的？

在日本琉球群岛西南端不远处，距离中国台湾仅110千米的地方，有一个小岛，名叫与那国岛。多少年来，与那国岛一直默默无闻，却因1985年的一次海底大发现而声名远播。

专家对水下岩石是天然形成的还是人工建造的存在争议

当时，日本探险家新嵩喜八郎来到与那国岛进行科考活动。当他潜到约25米深的水下时，竟然发现那里分布着许多壮观的阶梯和巨型岩石。这些岩石表面光滑，在拐角处呈直角弯曲，看起来像是被人为切割过一样。此外，新嵩喜八郎还发现了一些纵横交错的道路，以及城堡、寺庙、纪念碑和大型运动场，还有水槽、采石场、石头工具和刻有古文字的石板，等等。

钟乳石

新嵩喜八郎的这一发现立即引起了日本海洋地质学家木村政昭的关注。于是，木村政昭也来到这片水域，潜到海底进行实地调查研究。

经过考证，木村政昭认为这些巨型岩石很有可能是一座古代城市的遗迹，是人为建造的，只是因为一次强烈的海啸，这些岩石才沉没于海水之下。据史料记载，1771年4月，与那国岛遭遇了一次有史以来规模最大的海啸，海浪高度估计超过40米。木村政昭根据海底的钟乳石的年代，推断出这处遗址的历史至少可追溯至距今5000年前。

据木村政昭本人介绍，他还在附近的海岸发现了与海底遗迹相似的建筑，里面的木炭年代可追溯到距今1600年前，这可能是古人类在此定居的迹象。不过，迄今为止，木村政昭还没有发现海底遗迹与人类活动有关的更为直接的证据。

木村政昭的说法遭到了很多专家的质疑。就这些水下岩石是天然形成的还是人工建造的，专家们展开了激烈的争论。

美国波士顿大学地理学家罗伯特·斯科奇也曾潜入该海域水下进

一次海底大发现打破了与那国岛的平静

有科学家推测，是海啸淹埋了古城遗迹

行过多次考察。他认为这些岩石都是由天然岩床构成，并不是由一块块人工雕刻的石块建成的。斯科奇还指出，这些岩石都是沉积岩，具有水平沉积层，从侵蚀处可以看出水平平行线。由于地质运动，不同岩层会出现垂直裂缝。由于强大水流的冲刷和侵蚀，这些裂缝不断扩大，大部分碎块被冲走，就形成了一个个巨大的阶梯。

而加拿大英属哥伦比亚大学东亚考古专家理查德·皮尔森也提出自己的观点。他根据与那国岛出土的文物，证明当地的人类文明可以追溯到公元前2500年到前2000年。

另有一些专家对此不敢苟同。他们认为，以当时的人类群体数量和生产条件，人类根本不可能建造出这些巨大的石材结构。

到底谁是谁非，我们不得而知。至今，与那国岛的海底岩石仍吸引着世界各地考古爱好者的目光，我们相信，它身上的谜团终会得以解开。

与探索发现
DISCOVERY & EXPLORATION

帕夫洛彼特里古城遗址

1967年，英国地质学家尼古拉斯在帕夫洛彼特里港口附近也发现了一片古城遗址。那里散落着迈锡尼文明时期的破碎陶器，还有两块石刻墓碑和一个会堂建筑。经考证，它可能是因地震沉入海底。

海底惊现金字塔

人们在海底发现了哪两座金字塔？
亚特兰蒂斯和姆大陆是怎么回事？

壮观的埃及金字塔

众所周知，埃及有众多雄伟壮观、充满神秘色彩的金字塔。可是，你知道吗，在百慕大三角海域和日本与那国岛的海底竟然也藏着金字塔。

1977年4月7日，法新社发自墨西哥的一则电讯说，科学家们在对大西洋百慕大三角海域进行探测时，发现了一座比埃及的胡夫金字塔还壮观的金字塔。据测量，这座金字塔的底边长约300米、高约230米，其塔尖距海面约100米。金字塔的四周是平坦的海底，没有火山喷发过的痕迹，也没有海底山脉横贯而过。塔上有两个巨洞，海水以惊人的速度从这洞中流过，卷起狂澜，使这一带海浪汹涌，水雾弥漫……

另一座金字塔位于日本与那国岛的附近海域，在20世纪中期，就有渔民发现了它。这座水下金字塔高约25米，最上方有类似城门、回廊、瞭望塔的建筑物。这里还有雕刻而成的人脸图像、类似动物的岩石，石墙上

神奇的海底世界

的有些图案可能是某种象形文字。

这两座巨大的金字塔引起了人们的极大兴趣，大家猜测它们都是人建造的，并非自然形成。可是，以人类目前的技术水平，要在海底建造金字塔，也是件很困难的事，更何况是在以前呢？

人们不禁问：难道以前的人类已经掌握了更先进的建筑技术吗？他们究竟是谁呢？于是，有的科学家将两座金字塔与传说中的亚特兰蒂斯和姆大陆联系起来。

柏拉图

亚特兰蒂斯也叫大西洲，在柏拉图的著作《对话录》和希腊神话中出现过，是一个文明高度发达的上古国家。这个国家的人民掌握着先进的科学技术，生活富足。可是，由于一场突发的灾难，亚特兰蒂斯一夜之间沉没在海底，给人们留下了很多谜团。

姆大陆也是一块消失的古大陆，它东起现今夏威夷群岛，西至马里亚纳群岛，南边是斐济、大溪地群岛和复活节岛。全大陆东西长7000千

亚特兰蒂斯和姆大陆是人类想象的产物

米，南北宽5000千米，总面积约3500万平方千米。那里曾经诞生了地球上第一个大帝国——“姆帝国”。姆帝国繁荣富强，然而，约在1.2万年前，它被太平洋吞没了，从此沉寂在海底。

某些科学家因此认为，这两座金字塔是远古文明的遗址，代表了当时先进的科学技术水平。

但是，有的科学家对这种看法嗤之以鼻，他们认为亚特兰蒂斯和姆大陆并不存在，只是人们想象中的产物。

△ 海底有太多奥秘等着我们去探索

还有一些科学家认为，这两座金字塔是与埃及金字塔同时期的建筑，它们原本在陆地上，只是因为地震才沉入海底。

但是，为什么它们所在的陆地会下沉到那么深的地方？难道它们的下面是巨大的海底盆地吗？

迄今为止，这两座金字塔留给我们太多的谜团，等待着我们去探索，去揭开其中的秘密。

关于海底金字塔的另一种假设

有人认为，百慕大三角海域的海底金字塔可能是亚特兰蒂斯人保护“宇宙能”的能量场。它能吸引宇宙射线、磁性振荡或其他能量波，其内部是一个微波谐振腔体，对放射性物质有聚积作用。

谁修建了海底“围墙”

海底“围墙”是如何被发现的？
关于海底“围墙”的形成，目前有哪些推测？

令人震惊的巨大石墙

1968年春天，两位美国作家驾船经过比密里岛北岸0.25海里处时，意外地看到海底有一些奇特的巨大石头。

这些石头每块长约6米、宽约3米、高约0.6米，看起来很像是人工雕琢而成的。它们堆砌在一起，构成了一道几百米长的巨大围墙。

这一发现引起了很多人的关注，与此同时人们也不禁发出这样的疑问：是谁在这一带修建了这样的“围墙”呢？

考古学家经过考证研究后认为，这些石头至少在海底沉睡了一万年之久。

人为搭建的石墙

有学者认为，海底石墙有可能是史前文明的遗迹

那么，在一万年前，这些石头是干什么用的呢？

有相关学者推测，大约在一万多年前，在比密里岛上可能存在过一个拥有高度文明的城市，这些石头围墙很可能就是这一史前文明留下的遗迹。

海浪不断冲刷着岩石

可是，除了这道海底“围墙”，人们并没有在附近发现其他建筑遗迹，也没有在史书上找到任何关于史前城市的记载。因此，这一说法并没有得到大家的认同。

还有一些考古学家认为，这道海底“围墙”是自然形成的。因为海底的岩石每年都会受到海浪的冲刷，日积月累，就逐渐形成规则的形状。它们彼此堆在一起，恰巧堆成了围墙的模样。

可是，这些巨石是从哪里来的呢？为什么偏偏只有这一带才有这么多巨石呢？……

也许，只有等新的考古发现出现后，海底“围墙”的谜团才能逐步解开，还请大家拭目以待。

与探索发现
DISCOVERY & EXPLORATION

宋代海防古围墙

2000年，一群潜水爱好者在香港大屿山附近海底发现了一道约18米高、由石柱组成的古围墙。考古学家经过考证认为，这里很可能有宋代海防设立的哨站，而这道围墙就是海防哨站的古围墙。

神奇的海火

海火与发光生物有关吗?
海火是岩石放电现象吗?

翻腾不息的海水

1975年9月2日傍晚，在江苏省近海朗家沙一带，海面上突然出现了奇怪的光亮。随着波浪的起伏，海水就像燃烧的火焰那样翻腾不息，光亮直到天亮才逐渐消失。第二天夜晚，海面上的光亮再次出现，而且更亮。在以后的夜晚，亮度逐渐加大。到第七天，海面上竟涌起很多泡沫。当渔船驶过时，激起的水流明亮异常，如同灯光照耀，水中还有珍珠般闪闪发光的颗粒。几小时后，这里发生了一次地震。

这种海水发光现象被人们称为“海火”。它常出现在地震或海啸之前。1976年7月唐山大地震的前一天晚上，秦皇岛、北戴河一带的海面也出现过发光现象，尤其在秦皇岛码头，人们看到海水中竟然出现了一条火龙似的明亮光带。

这种现象在世界许多地方都可以见到。不仅神秘的海火本身像一个可怕的幽灵困扰着人们，而且它产生的原因也使人们一筹莫展。很多人认为，海火与海里

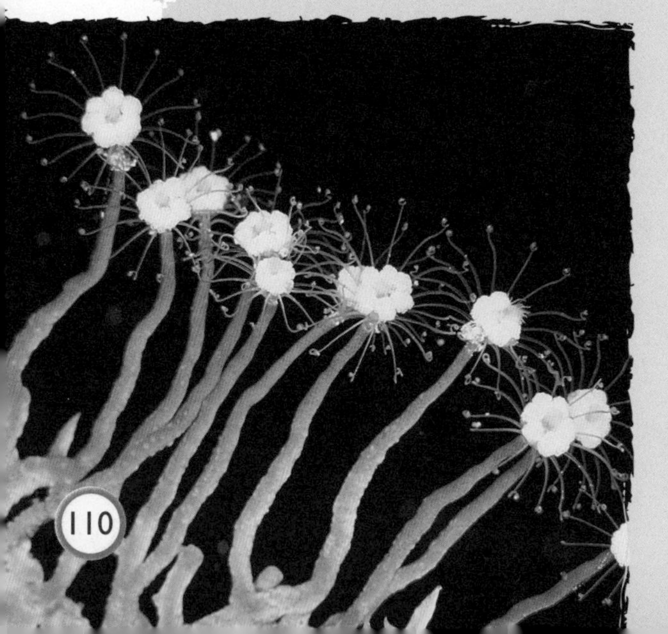
海火是海底发光生物造成的吗?

海底有很多发光生物

的发光生物有关。海里的发光生物因受到惊扰而发光，是早为人们所熟知的现象。这些生物种类繁多，除甲藻外，还有许多细菌和放射虫、水螅、水母、鞭毛虫，以及一些甲壳类、多毛类等小动物。因此人们推测，当海水受到地震或海啸的剧烈震荡时，便会刺激这些生物，使它们发出异常的光亮。但是一些学者却持有异议。他们指出，在狂风大浪的夜晚，海水也同样受到激烈扰动，为什么却没有产生海火？

美国专家曾经对花岗岩、玄武岩、大理石等多种岩石进行了破裂实验。他们发现，当压力足够大时，这些岩石会发生爆炸性的碎裂，并在几毫秒内释放出一股电子流，激发周围的气体分子发出微弱的光亮。如果把岩石样品放在水中，那么其碎裂时产生的电子流就能使水面发出光亮。但是当海啸发生时，岩石不会发生大量爆裂（当然地震海啸除外），那么海火又是如何产生的呢？

也有一些人认为，作为一种复杂的自然现象，海火的形成很可能有多种原因，生物发光和岩石爆裂发光只是其中的两种。除此之外，可能还有其他成因。但究竟还有些什么成因，则有待于人们的进一步研究。

探索与发现
DISCOVERY & EXPLORATION

海火的应用

正确掌握海发光可预知天气。我国辽宁、河北一带的渔民经多年观察，总结出“海火见，风雨现”的民谚。另外，鱼群游动时所产生的海火，暴露了鱼群的藏身之地，经验丰富的渔民常利用它来捕鱼。

海鸣声声何处来

一般来讲，海鸣的声源有哪些？
硇洲岛人觉得当地的海鸣声从何而来？

大海会发出各种各样的声音

神秘莫测的大海经常会发出各种各样的声音，诸如惊涛拍岸的轰响，地震和火山引起的呼啸，以及鱼类和其他海洋生物发出的声音。我们把这些海中的声音统称为“海鸣”。

有些海鸣的声源是众所周知、显而易见的。可是，有些地方发生的海鸣，其声源却一直让人捉摸不透。

每当风云突变、天气异常或风暴即将来临时，广东省湛江硇洲岛东南的海面上就会发出一阵阵有节奏的“呜呜”声，犹如雷鸣，一高一低，错落有致。

关于这种海鸣现象，许多硇洲岛人认为，这是沉放在海中的水鼓发出来的声音。据当地人讲，在很久以前，法国人在硇洲岛建造了国际灯塔，同时将水鼓放置在了附近的海域中。灯塔给过往的船舶指引航向，而水鼓作为一种海况探测报警器，随时向人们发出风浪变化

硇洲岛的海鸣真是水鼓发出的吗？

△海豚

的信息。可是，从来没有人见过水鼓的模样，也不知道它到底被放在了哪里。

有关部门曾专门派出考察船到硇洲岛东南一带海域进行巡视搜索，结果什么也没有找到。

1969年，人们曾在这一带海域发现过一群游动的海兽，有人说那是海豚。于是，有人提出，海鸣其实没有那么奇怪，那只不过是类似海豚的海兽发出的嚎叫声而已。

可这种海兽为什么会发出这样的嚎叫声呢？

有人猜测，每当天气或海况发生突变时，海兽有所预感，会因烦躁不安而发出叫声。

还有人认为，这可能是海兽在游动的过程中，为了相互联络而发出嚎叫的信号。

也有人推测，海底经常发生小型地震。地震发生时，如果硇洲岛附近的海底有沉船的残骸，地震产生的强大冲击力会使那些沉船的残骸快

▽海底沉船残骸

海鸣也可能是海兽相互联系的嚎叫声

速移动，从而发出奇怪的海鸣声。

据考证，硇洲岛是一个火山岛，是由距今约50万～20万年前的一场海底火山爆发形成的。我们知道，火山爆发常常伴有地震，这说明硇洲岛附近的海域确实有发生地震的可能性。

硇洲岛是火山岛

但是，这并不能说明这一带的海鸣声就与海底地震有关。

事实上，在1976年之后，硇洲岛的海鸣现象就已经逐渐减弱了。

有人认为，这是因为水鼓年久失修，功能渐渐减退造成的结果。

也有人认为，这是近年来人们在这一带的海域活动明显增加，影响了海兽的正常活动和生活，使它们不得不迁到别处去的结果。

这些说法孰是孰非，还要等到新的论据出现才能知道。而硇洲岛的海鸣现象，至今仍然是个谜。

与探索发现

DISCOVERY & EXPLORATION

“Bloop”怪声

1997年，太平洋中的传感器接收到一种怪声“Bloop”，与有些海洋生物的声音有点类似，但音量要高一些。科学家追踪后发现，它来自太平洋一个偏远的角落，至于它是什么发出的，仍有待探索。

走近海底“聚宝盆”

海洋中的“烟囱林”是什么？
海底热泉主要分布在哪些地方？

壮观的埃及金字塔

1977年2月，美国科学家利用载人深潜器“阿尔文号”，在太平洋加拉帕戈斯群岛附近的海底看到了一幅奇异的景象：那里蒸汽腾腾，烟雾缭绕，烟囱林立，好像重工业基地一样；在“烟囱林”附近，还有大量生物生存。

科学家的这一发现引起了轰动，人们在震惊之余，又疑问丛生：这些“烟囱林”到底是什么？它们是怎样产生的，又分布在哪些海域？

原来，这些“烟囱林”叫海底热泉，是地壳活动在海底反映出来的现象。海底热泉喷出来的热水就像烟囱一样，有白烟囱、黑烟囱和黄烟囱几种。

科学家经过分析后发现，“烟囱”喷出的物质中含有大量的硫黄铁矿、黄铁矿、闪锌矿和铜铁的硫化物等物质。

他们对硫黄铁矿的液体进行测定，发现其外壁由石膏、硬石膏、硫酸镁组成，而与热

烟雾缭绕的“烟囱林”

海底热泉与海底火山喷发有关

水接触的内壁则为粗大的结晶黄铜矿和黄铁矿。其最外层富含重晶石、非晶质二氧化硅。“烟囱”底部还有黑色的颗粒沉淀物，其中含有闪锌矿、硫黄铁矿、黄铁矿及铅锌矿和硫等。在其周围的水样中，氦-3和氢锰的含量较高。

其实，海底热泉并非只有一处。科学家还在太平洋、印度洋、大西洋的中脊相继发现了许多正在活动的和已经死亡的海底热泉。

因此，科学家推测，海底热泉大都出现在大洋中脊附近。

大洋中脊高出洋底约3000米，是地壳下岩浆不断喷涌出来形成的。这里是多火山多地震区，都有大裂谷，岩浆能从这里喷出来，海水能通过裂谷向下渗透。渗入的冷海水受热后，又会以热泉的形式从海底喷出，这些热泉的温度可达300℃～400℃。在冷海水不断渗入、热海水不断喷出的循环过程中，洋底玄武岩中的铁、锰、铜、锌等元素熔于热海水中，成为富含金属

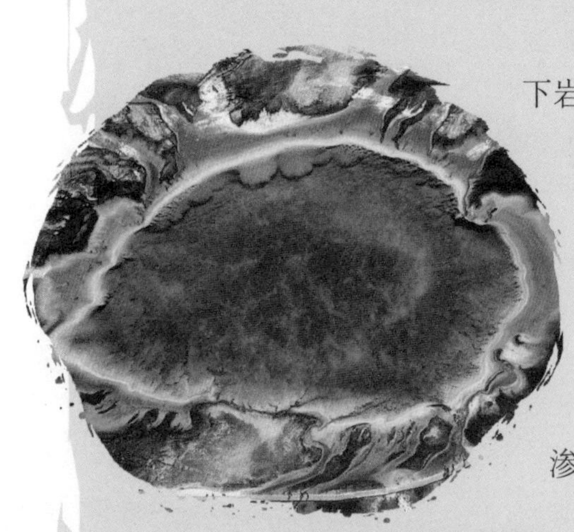

热泉带上来的物质会沉积在喷口周围

热泉带来丰富的矿藏资源

元素的热液，然后喷涌而出。

由于大洋中脊是大洋板块的分离部位，那里的岩石圈地壳最薄弱，因此又是地幔热流最好的突破口。

热泉水带上来的物质多是金属硫化物或氧化物，它们沉淀在热泉喷口周围，最终形成具有经济价值的“热液矿床”，堪称不折不扣的海底“聚宝盆”。

有些科学家认为，除了大洋中脊有火山活动外，在大陆边缘，受洋壳板块俯冲挤压形成山脉的同时，往往也有火山喷发，因此在大陆边缘附近的海底也会有热泉分布。这样一来，海底热泉的分布范围比人们想象的更广阔。

海底热泉分布范围广，又富含矿藏资源，因此，如何开发和利用它们，使其产生经济效益，又成了科学家们面临的一大难题。

我们相信，随着科学技术的不断发展和进步，人类会从海洋中发现更多的宝藏，并且会很好地开发、利用它们，推动经济的发展。

喷发的热泉

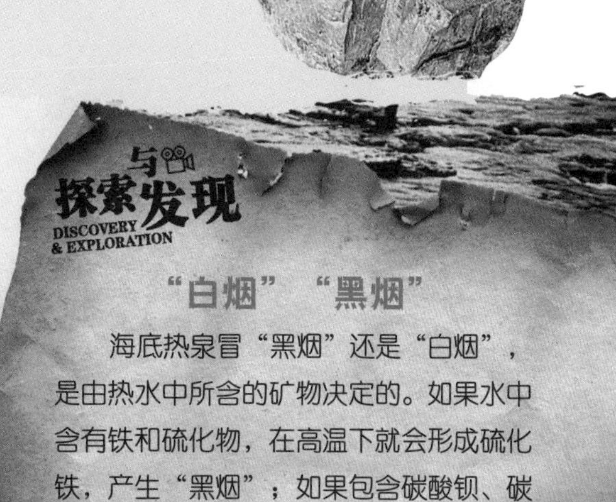

与探索发现
DISCOVERY & EXPLORATION

“白烟” “黑烟”

海底热泉冒“黑烟”还是“白烟”，是由热水中所含的矿物决定的。如果水中含有铁和硫化物，在高温下就会形成硫化铁，产生“黑烟”；如果包含碳酸钡、碳酸钙等白色化合物，就会冒“白烟”。

致命的疯狗浪

什么是疯狗浪？
关于疯狗浪的成因，目前有哪几种说法？

1984年10月14日，天气晴好，台湾基隆八斗子渔港上风平浪静，有十几个垂钓者正在海边垂钓。晚上10点30分左右，突然一个大浪打来，把四五个垂钓者打下防波堤，其余六七人想逃往安全地带，也被大浪卷走……悲剧在瞬间发生，这让在场的目击者目瞪口呆，心有余悸。

风平浪静的海面

无独有偶，在我国大陆沿海的一些地区，也曾发生过大浪卷走人的事件。1992年9月1日下午，一名教师带着女儿到青岛市鲁迅公园海滨游玩。他准备在岸边的一块礁石旁给女儿留影，当他按下相机快门的瞬间，一个毫无征兆的大浪突然袭来，将女儿卷入海中……

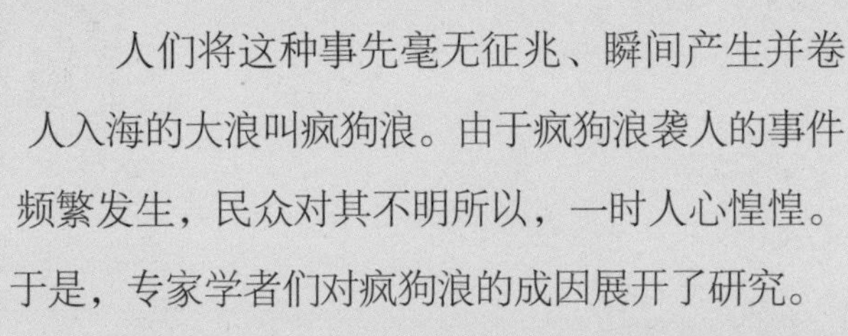

人们将这种事先毫无征兆、瞬间产生并卷人入海的大浪叫疯狗浪。由于疯狗浪袭人的事件频繁发生，民众对其不明所以，一时人心惶惶。于是，专家学者们对疯狗浪的成因展开了研究。

台湾有关专家一致认为，疯狗浪是由长涌浪造成的。长涌浪的波长很长，当它到达岸边时，产

疯狗浪会毫无征兆地突然袭来

生的巨大水块会将作用力倾泻于海滨某一海角，涌起的浪块就是疯狗浪。

台风与季风常常造成长涌浪，尤其是台风造成的长涌浪更危险。每当台风来临时，台风区外没有风，但有长涌浪。人们在没有防备的情况下，很有可能被长涌浪形成的疯狗浪袭击。

△ 疯狗浪的形成可能与台风有关

不过，还有学者对以上的说法提出质疑。有的学者认为，疯狗浪是一种长波浪，由各种不同方向的小波浪或碎浪汇集、组合而成。当这种波浪遇到礁石或岸壁时，会由于强力的撞击而卷起猛浪，形成疯狗浪。还有的学者认为，疯狗浪仅仅是由一些移动的小型风暴产生的。也有学者认为，疯狗浪是海底的岩石裂开后，产生巨大的冲击力造成的。更有学者认为，潮汐现象（海水在月球和太阳引潮力等外力的作用下产生的周期性涨潮和落潮）是造成疯狗浪的原因。

目前，由于疯狗浪出现的地点、情况等各不相同，且来去诡异，科学界对其成因还没有统一明确的说法，疯狗浪仍是一个未解之谜。

探索与发现
DISCOVERY & EXPLORATION

海底山崩引发疯狗浪

有人认为，疯狗浪是由海底山崩引起的。当山崩发生时，它所引发的震动会借助海水进行传播，从而引起大浪。但这种说法同样存疑：山崩会引发微震，但目前并没有在疯狗浪前后收到地震信息。

海中“世外桃源”

为什么说西沙群岛是珊瑚岛？
石岛有何特殊之处？

令人向往的海中“世外桃源”

东晋诗人陶渊明曾在《桃花源记》中向我们描述了一个世外桃源：那里“芳草鲜美，落英缤纷”，有“良田美池桑竹”，“黄发垂髫，并怡然自乐”……这么美丽的地方让很多人非常向往，甚至希望永远生活在那里。

在我国南海的中北部，也有一个海中“世外桃源”——西沙群岛。这里有数不清的岛屿，它们像朵朵莲花般，漂浮在美丽纯净的热带海域中。很多人纷纷慕名而来，在这里旅游度假，流连忘返。

西沙群岛是由众多的珊瑚礁形成的，而珊瑚礁是由一种叫珊瑚虫的海洋生物“盖”起来的。生活在热带、亚热带的珊瑚虫有着独特的生存

西沙群岛

方式，它们的躯体柔软脆弱，为了保护自己，它们会分泌一种钙质为自己建造栖身之所。珊瑚虫死亡后，它们的后代便会在祖先的“房子”上继续修筑自己的“房子”，日积月累，从海底直至海面，珊瑚礁便形成了。而珊瑚岛是整个珊瑚礁的凸出部分。

珊瑚

不过，只有西沙群岛才有如此大面积的珊瑚岛，附近的其他海域都没有，这是为什么呢？难道这片海域的环境特别适合珊瑚虫繁衍吗？

科学家们经过研究后发现，情况并非如此。珊瑚虫的最佳生存环境是深度在60米以内的海域，而西沙群岛的水深常常达几百米甚至上千米。在这么深的海水中，珊瑚虫无法获得充足的光照，而且海水的温度、含氧量等条件都不适合珊瑚虫繁殖和生存。既然如此，为什么珊瑚虫还偏偏在这里生存呢？

大多数科学家认为，是冰川造就了这些珊瑚岛。在几亿年前，地球上大面积的冰川逐渐消融后，使全球的海平面上升，这正好为珊瑚虫的生长提供了条件，因此西沙群岛存在深海珊瑚岛不足为奇。

当然，西沙群岛的神秘之处并不限于珊瑚岛。这里还有一个方圆只有几百米，被人们称为“石岛”的小岛。

地质学家来石岛考察时，发现它由坚硬的

石岛的石头结构独特

层状生物砂岩组成。一般的层状生物砂岩是底部比上部年代更久一些，石岛却截然相反，其底部砂岩最年轻，越往上年代越久。

大堡礁也是珊瑚岛

这种独特的结构又是怎样形成的呢？

有学者认为，在很久之前，石岛是一个由生物砂岩组成的大岛屿。在风化作用下，岛顶部比较新的生物砂岩被不断地剥蚀下来，堆积到底部，而较老的底部生物砂岩便留在了顶部。就这样，石岛便出现了年龄倒置的现象。不过，问题在于，如果真是如此，石岛应该比现在更高大，然而事实并非如此。因此，这种观点还有待证实。

有科学家认为，是冰川造就了珊瑚岛

还有学者认为，上述现象是由雨水冲蚀作用造成的。组成石岛的生物砂岩是生物的骨骼碎粒，主要的化学成分是碳酸钙。当石岛上层的生物砂岩遭到雨水冲蚀，一部分碳酸钙被溶解，并随着雨水渗到石岛底部并沉淀下来。石岛上层生长出新的方解石结晶，这就使下部的岩石的年龄变小，而相对于上部的生物砂岩来说，便形成了年龄倒置的现象。

当然，西沙群岛还有很多秘密，等待着人们去探索……

与探索发现
DISCOVERY & EXPLORATION

大堡礁

在澳大利亚的东北沿海也有一个海中“世外桃源”——大堡礁，它是世界最大最长的珊瑚礁群，约有2900个珊瑚礁岛。这里水质洁净，珊瑚千姿百态，还生活着1500余种热带海洋鱼和4000余种软体动物。

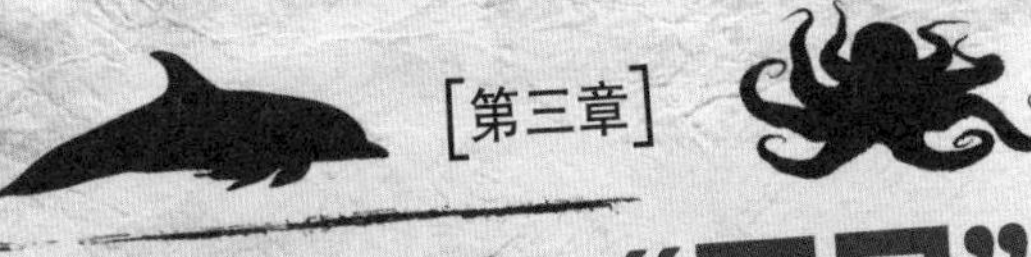

[第三章]

探寻海底“居民”

在神秘的海底世界，生活着数以万计的海底“居民”，除了有“杀人狂魔”称号的大白鲨、乐于救人的海豚、集体搁浅的鲸等这些人们熟知的海洋生物之外，另外一些神秘莫测、不为人知的特殊群体，也深深吸引着人们探索的目光。比如，海妖克莱根真的存在吗？尼斯湖水怪、长白山天池怪兽是怎么回事？还有扑朔迷离的海底人，究竟是杜撰出来的，还是确有其事呢？……还等什么，赶紧翻开这一章寻找答案吧！

史前活化石——空棘鱼

为什么说空棘鱼属于总鳍类鱼？
空棘鱼为什么能存活至今？

1938年12月22日，在南非东伦敦港附近的印度洋里，几个渔民从80米深的海水中意外捕到一条古怪的海鱼。它长1.5米左右，重约57千克，长有肉鳍，全身黏滑的大圆鳞片散发出蓝色的光泽。

这条怪鱼被捕获后，在甲板上挣扎了三个多小时才断气。渔民们谁也没有见过这种鱼，便把它送到了当地的博物馆，请专家来鉴定。谁知，他们的这一举动竟然引发了生物研究史上的一次惊人革命。

当时，南非博物馆馆长兰丝玛女士见到这条鱼后，大吃一惊。她感觉这条鱼很像早已绝迹的总鳍类鱼，因为它除了有特殊的棒槌形的尾巴外，还有胸鳍、腹鳍和尾鳍，符合总鳍类鱼的形态特征。但是，她一时也难以确定。于是，兰丝玛女士立即打电话给南非阿扎尼亚大学的美国科学家尼·史密斯教授，请求他的帮助。

几天后，史密斯教授对这条怪鱼的尸体进行了解剖。经过周密的研

利用空棘鱼，人们可以研究生物进化

究后，他得出一个惊人的结论：这种鱼是生活在距今6000万～5000万年前的一种总鳍类鱼——空棘鱼，是两栖动物的祖先，也是研究生物进化的活化石。

史密斯教授的结论轰动了整个生物学界，许多学者都感到十分震惊，因为总鳍类鱼一直以来都被公认为早已绝迹。

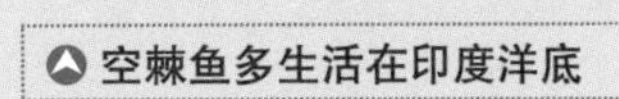
空棘鱼多生活在印度洋底

况且，历经千万年之久，总鳍类鱼怎么可能没有进化，而且一直活到今天呢？这会不会是某些鱼的变种呢？

然而，1952年12月和1954年11月，人们又在马达加斯加岛西北方向的深海中捕捞到多条活的空棘鱼。这为空棘鱼的存在提供了有力的证据，更引发了古生物学家对空棘鱼研究的浓厚兴趣。

科学家通过多方研究，终于揭开了空棘鱼至今仍能存活的秘密。

原来，空棘鱼在进化的过程中，一直生活在深海中。而深海的水温和水流几千万年一直没有太大的变化，所以它们没有进化，仍然保持原来的形态，并躲过了地球海陆变迁的劫难，侥幸地繁衍至今。

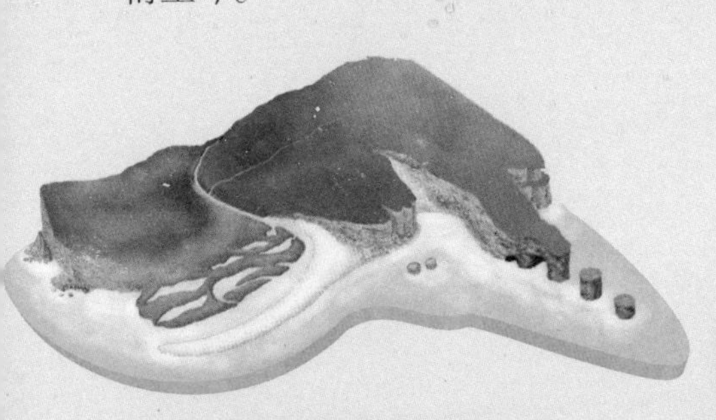
海陆变迁使不少鱼类灭绝了

七鳃鳗

七鳃鳗是世界上仅存的无颌类脊椎动物之一。根据已经发现的七鳃鳗化石，人们推断，七鳃鳗出现的时间比恐龙还要早，因此成为研究距今1.25亿年前的水生动物群的“活化石”。

长生不老的大胡子蠕虫

大胡子蠕虫的生长速度为什么那么慢?
大胡子蠕虫为什么能存活几十万年?

大胡子蠕虫的身长可达2米，全身呈粉红色，没有嘴、眼和消化器官，只有神经系统。它们生活在水深达2500米以下的深层海底，不能获得由光合作用产生的碳水化合物。但是，它们体内有一种细菌，可以利用溶解在海水中的二氧化碳和海底温泉水里含有的硫化物进行化学合成，从而形成碳水化合物，供其吸收。

大胡子蠕虫的生长速度非常缓慢，250年才能生长1毫米。这样算来，如果一条大胡子蠕虫的身体长到75厘米，那至少需要18万年的时间，而要长到两米多长，岂不需要几十万年?但是，一般说来动物个体是很少存活这么长时间的，大胡子蠕虫为什么能长生不老呢?科学家们至今还没有解开这个谜。

大胡子蠕虫的躯体很长

深层海底

海豆芽为什么能长寿

海豆芽为什么能存活极长的时间？
海豆芽的体形为什么一直那么小？

海豆芽的学名叫舌形贝，在地球上已经生活了4.5亿年。它上部是椭圆形的贝体，就像一颗黄豆一样，而下部则是一根可以伸缩的半透明的肉茎，宛若一根刚长出来的豆芽。

海豆芽大多生活在水深20～30米的温带和热带海域，通常隐居在洞穴中。它们不会移动，外壳壁又非常脆薄，但它们非常敏感，外界一有微小的动静，它们就马上紧闭双壳，一动不动。海豆芽就是靠这种方式，在漫长的岁月中顽强地生存了下来。

按照生物最基本的进化规律，一个物种从起源到灭绝，通常平均存在不到300万年，而海豆芽却能存活4.5亿年。另外，在这么漫长的过程中，大多数动物的形体都会经历由小变大，大到一定程度而灭绝的过程，可海豆芽却一直保持这么小的体形。这些究竟是为什么呢？到目前为止，生物学界还不能对此作出科学的解释。

海豆芽大多生活在温带和热带海域

神奇的鱼类变性现象

鱼类为什么会出现变性现象？
鱼类变性是为了最大限度地繁殖后代吗？

我们知道，生物的性别是由基因决定的，在胚胎发育到一定程度时就已经确定了。然而，海洋里的某些鱼类在特定的条件下竟然会发生神奇的自然变性现象，这不由得让人们啧啧称奇。

有一种红鲷鱼，总是由一条雄鱼带着一群雌鱼游动，这条雄鱼自然是这个群体中的首领。如果这条雄鱼死了，那么在剩下的雌鱼中，身体最强壮的那条很快就会变成一条雄鱼，充当鱼群的新任首领。如果这条变了性的红鲷鱼死了，以上规则就会再次重复。

有人特意做了这样一个试验：把一群雄红鲷鱼与一群雌红鲷鱼分别置于两个玻璃缸中，使它们能互相看到对方，在这种情况下，雌鱼群不会发生变性现象；如果将两个玻璃缸用木板隔开，使它们看不到对方，那么，用不了多久，雌鱼群中很快就会有一条雌鱼变为雄鱼。

海中的某些鱼类会发生变性现象

石斑鱼的种类有很多

海洋中还有一种脸上长着白色条纹的小丑鱼，它的变性现象恰好与红鲷鱼相反。小丑鱼的鱼群通常具有等级制度，它们的首领往往是雌鱼。如果首领死亡，它“手下”具有最高统治地位的雄鱼就变成雌鱼，并取代“前女王”的地位。

印度洋和太平洋海域生活着一种海葵鱼，它们与海葵共生。跟海葵共同生活的众多海葵鱼中，只有两条是雌性的，其余的都是雄性幼海葵鱼。但是，只要有一条成年雌海葵鱼死亡或离开，幼海葵鱼中最大的那条雄性个体就会变成雌性，以取代原来那条雌鱼的地位。

鳝鱼从受精卵孵化成幼鳝，一直到长成成年鳝鱼，一般都是雌性。但当它们产卵之后，就会由雌性变为雄性。

更为奇特的是，生活在美国佛罗里达州和巴西沿海的蓝条石斑鱼，一天中可以多次变性。有一种金鳍锯鳃石鲈鱼，刚从卵中孵化出来时，全

鲈鱼广泛分布于太平洋西部海域

探索与发现
DISCOVERY & EXPLORATION

鲈鱼及其亲缘动物

鲈鱼为近岸浅海中下层鱼类，大概有9500个属种，广泛分布在太平洋西岸。鲈鱼的亲缘动物有很多种，如攀鲈、石斑鱼、斗鱼、射水鱼、弹涂鱼等。

都是雌鱼，可在以后的生长过程中，一部分雌鱼会发生变性，成为拥有各种颜色的雄鱼。

鱼类为什么会出现这种有趣的变性现象呢？

一般来说，能够发生变性的动物，体内既有雄性生殖器官，又有雌性生殖器官。通常状况下，动物的性别只有一种能表现出来。但在某种特定情况下，被抑制的另一个器官会被激发出来，鱼儿会显示出另一种性别。

研究发现，鱼类发生变性主要有两种情况：一种是雌性先出现，即第一次性成熟时，鱼儿的生殖系统是雌性的卵巢，受到刺激后，转变为雄性的精巢，这种情况称为“首雌特征”；另一种则是性成熟时为雄性，鱼儿具有精巢组织，然后再转变为雌性，这种情况称为“首雄特征”。

那么，这些鱼类为什么要变性呢？变性对它们个体或者整个族群来说，有什么特殊的意义吗？

有的学者认为，这是鱼类为了最大限度地繁殖后代而进化出的功能。还有人说，这是鱼类偶然受到异性刺激后发生的变异。但这些说法都没有得到广泛的认同。

也有的科学家认为，缺氧会造成鱼类变性。科学家经过研究发现，海洋中的斑马鱼在缺氧环境下生存120天后，雄鱼在鱼群中的比例会达到75%，而在普通含氧环境下雄鱼比例只有60%。他们认为，是缺氧致使斑马鱼发生了基因改变，进而改变了其体内决定性别的激素产量，最终使斑马鱼体内的睾丸激素水平高涨。

▼通常，基因决定着生物的性别

至今，鱼类变性还是一个未解之谜。

神秘的海洋“异类”

人们发现了哪些海洋奇异物种？
人们对这些海洋中的新生物有哪些猜想？

海洋是众多生物赖以生息的家园。据科学家统计，全球已知的海洋生物约有21万种，而未知的海洋生物是已知海洋生物的九倍左右。

2001年，为了调查世界海洋生物的多样性、分布和丰度，美国率先开展了一项全球海洋生物普查计划。迄今为止，先后有80多个国家参与了这项计划，并公布了在不同海域发现的一些新物种。

科学家运用机器人潜艇和海底漫游者勘测器、钻探机和拖网等先进的工具，发现了5722种以前从未发现的深海物种。这些新物种生活的最深海域在3英里以下，这一深度具有人体骨骼所无法承受的压力。

在太平洋，科学家发现了一种不同寻常的“乌贼蠕虫”。它是分节的，头部附近有十个大型的附肢，使它看起来像乌贼一样。

此外，科学家还发现了没有视觉功能、穿着毛茸茸的白色外套、长

海洋里生活着数不清的海洋生物

约6英寸（约合15厘米）的雪人蟹，身体呈中心对称的透明胶状、能发光的深海栉水母，等等。

在大西洋，科学家发现了一种深海小“飞象”。它身长6英尺（约合2米），重13磅（约合6千克），有八只足，看上去就像浑身长满了耳朵一样。这是迄今为止发现的软体动物家族中体型最大的成员。

科学家还发现了几种口索动物。它们没有眼睛和尾巴，但可以在海底蜿蜒爬行，以海面上落到海底的食物为食。

此外，还有类似微型虾的大西洋虫戎、布满圆点的透明鱿鱼、装饰精致的宝石鱿鱼、长相可怕的蝰鱼、蛇尾海星、水螅水母、多毛纲环节动物软背鳞虫、生活在海底1.6英里深处的珊瑚、海参和海胆，等等。

在印度洋，科学家还发现了一个鱿鱼新物种。它长约70厘米，拥有用来引诱猎物的发光器官。

此外，科学家还发现了会行走的鱼。

有一种鲨鱼的体型不大，可用胸鳍和腹鳍来支撑身体，在海床上一摇一摆地漫步。

还有一种鱼像拳头一般大小，身上长满了怪异的条纹，面部特别扁平，眼睛像人一样向前看，而不是像其他鱼那样向两侧看。而且，它还有像腿一样的胸鳍，可以在海底慢慢地挪动，模样特别滑稽。它的嘴巴也很奇特，突然张开时像一个金属般的漏斗，有些吓人。

在北冰洋，科学家发现了很多形态奇异、

人们利用多种工具来寻找深海生物

呈不同颜色的水母，还有一种扁豆大小的“裸体”蜗牛。

而在南极洲寒冷的海底，科学家发现了很多甲壳类及软体动物，还有脊索长约8.5厘米的海胆、背鳍长得像扇子一样的蓝色冰鱼、有五个“臂”的海星、自由游动的蠕虫、凝胶状的海鞘和玻璃海绵，等等。

海胆

这些新物种的发现引起了科学家极大的兴趣，他们纷纷对这些海洋“异类”品头论足，讨论它们的身世之谜。

有的科学家认为，这些海洋新物种其实一直都存在，只是它们大都隐居在黑暗的海底，不太容易被人发现，偶尔才露出真面目。

也有的科学家认为，由于某些海域的生态环境受人类活动的影响而恶化，生活在那里的一些动物发生了基因突变，变成了一种新生物。

海洋新物种到底还有多少？它们生活了多长时间？为什么它们的身体特征都不同于我们常见的海洋生物呢？……这一连串的疑问都需要科学家投入很多的精力去研究和解答。

我们期待着有一天，科学家能探知海洋的所有秘密，人类能熟悉每一个海洋公民，和它们和谐相处。

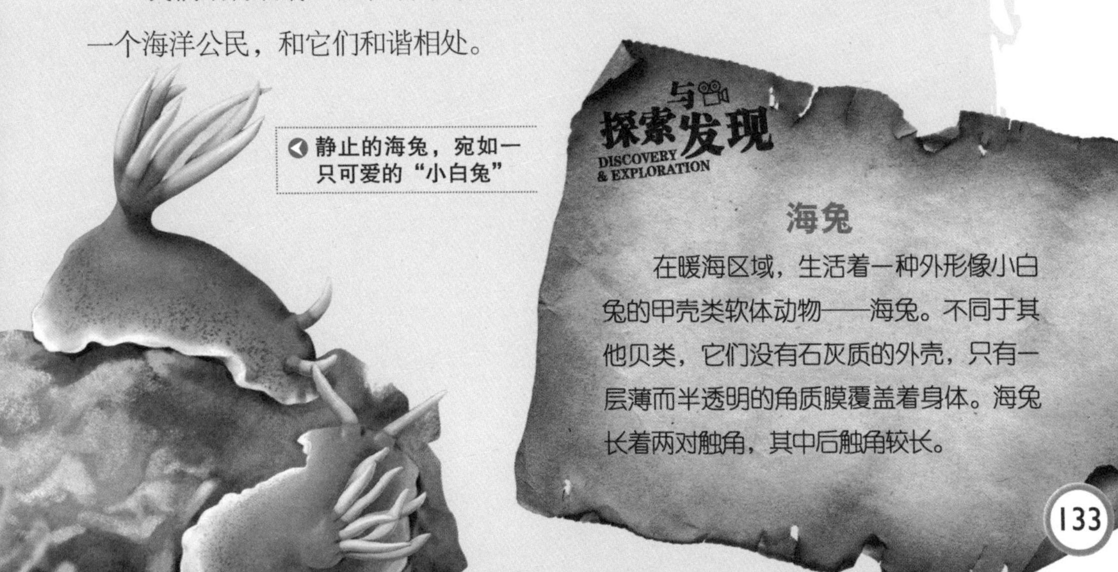

静止的海兔，宛如一只可爱的“小白兔”

与探索发现
DISCOVERY & EXPLORATION

海兔

在暖海区域，生活着一种外形像小白兔的甲壳类软体动物——海兔。不同于其他贝类，它们没有石灰质的外壳，只有一层薄而半透明的角质膜覆盖着身体。海兔长着两对触角，其中后触角较长。

深海“杀手”大白鲨

大白鲨的牙齿与皮肤有什么特点？
关于大白鲨伤人，科学界有什么看法？

在一个风和日丽的日子，一群青年男女在海里自由地嬉戏，他们丝毫没有察觉到危险即将降临。不远处，一条身手矫健的大白鲨已经瞄上了他们。它慢慢向这群男女游过来，突然，它猛地张开满是利齿的大嘴，将其中一个人叼住。之后，伴随着那个人惊恐而无谓的挣扎，鲜血染红了海水……

这是电影《大白鲨》中最令人惊恐的镜头之一。其实，在现实生活中，大白鲨伤人甚至杀人的事件时有发生。

1959年5月7日下午，18岁的阿尔波特和女友雪莉在海岸附近游泳。突然，雪莉听到阿尔波特失声尖叫，她回头一看，只见一条大鲨鱼咬了

令人畏惧的大白鲨

阿尔波特一口后，又游走了。附近的海水被染成了红色。雪莉马上游回去营救阿尔波特，她发现他的胳膊和身体之间只剩下一层皮了。雪莉在血水中摸索到阿尔波特的背，最终将他救回岸上。不幸的是，由于伤势过重，几小时后，阿尔波特死去了。

大白鲨的牙齿锋利无比

这起事件使大白鲨吃人的恶名远播，电影《大白鲨》就是以这起事件为原型而创作的。

在人们眼中，大白鲨就是杀人狂魔。为什么大白鲨会袭击人类呢？难道它天生具有攻击性吗？

大白鲨是号称处在食物链顶端的鱼类，鲜少有生物能成为它的对手。大白鲨最厉害的是它的牙齿，不仅锋利无比，而且牙齿的背面都有倒钩，猎物一旦被咬住，就很难挣脱开来。虽说由于没有牙根，大白鲨的牙齿不大牢固，每次吃东西时都会掉下几颗，但它口腔内还有几排倒伏的备用牙齿。每当前面的牙齿脱落，后面的备用牙就会自动移到前面，继续为“主人”效劳。

此外，大白鲨的皮肤上面长满小倒刺，也极具杀伤力，撞一下就足以让猎物鲜血淋漓。

由于大白鲨外表凶猛，很多人

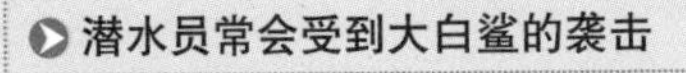
潜水员常会受到大白鲨的袭击

平静的海滩附近，或许会有大白鲨出没

与探索发现
DISCOVERY & EXPLORATION

对气味敏感的大白鲨

大白鲨对气味特别敏感，尤其是血腥味。伤病的鱼类不规则的游弋所发出的低频率振动或者少量出血，都可以把大白鲨从远处招来。

认为它天生具有攻击性。但是，有些学者对此持反对意见。有人研究了大白鲨的习性，发现它们是一种好奇心非常强的动物。它们常常从水中抬起头来，用啃咬的方式去探索水中的不明物体。除了以小鱼、海龟、海豹等动物为食，它们还会将尼龙大衣、笔记本、碎布片、皮靴、汽车牌以及钢盔等无法消化的东西吞下肚。

因此，一些学者认为，大白鲨伤人可能是这种探索行为的结果。只是，大白鲨的牙太过锋利了，所以它碰触人的身体后，就会使人受伤或死亡。

还有的科学家认为，大白鲨伤人有可能与它处在发情期，误把人类当作竞争对手有关。大白鲨发现咬错猎物后，往往会抛弃它们，并不会赶尽杀绝。从这一点来看，它们并不是嗜血的杀手。

事实是否真的如此呢？我们不得而知。大白鲨是杀手还是无意伤人，还需要科学家做进一步的研究。

海洋中的神秘“救卫队”

为什么说海豚救人出于本能？
为何有人又将海豚救人归结于它的智商？

在海洋中，有这么一支神秘的动物“救卫队”，它们遇到不幸落水的人们，会把人们推出水面，甚至直接推向浅水区。当然，这支“救卫队”的成员都是游泳健将，不过，它们不是人类，而是一种我们熟知的海洋动物——海豚。

在现代社会，关于海豚救人的报道屡见报端。

1949年，美国佛罗里达州的一位女士在《自然史》杂志上披露了自己的奇特经历：一次，她正在一个海水浴场游泳，突然被水下暗流卷了进去。只见一排排海浪汹涌地向她袭来，就在她快要支撑不住的时候，一条海豚飞快地游来，用喙部推着她的身子，一直把她推到了浅水中。

这位女士清醒后，以为刚才发生的事只是自己在临死前的幻觉。她举目四望，想寻找自己的救命恩人。

然而，海滩上和海里都没有其他人，只有一条海豚在离岸不远的浅水中嬉戏。

如此看来，海豚“海上救卫队”的

海豚和人类的关系很友好

美名确实名不虚传。

那么，海豚救人的行为究竟是出于本能，还是受着思维的支配呢？

很多动物学家认为，海豚救人是出于本能。我们知道，海豚是用肺呼吸的，它们每隔一段时间就要把头露出海面呼吸，否则就会窒息而死。

有人认为海豚救人出于本能

母海豚往往会把刚出生的小海豚托出水面，来帮助小海豚呼吸，这种行为是海豚在长期的自然选择过程中形成的一种本能。一旦海豚遇到落水者，它就会产生相应的推逐反应，把人从险境中救出来。

这么说来，海豚的这种“救卫”行为是非常盲目的。一些动物学家认为，凡是在水中不积极运动的物体，都会引起海豚的注意，使它们产生“救援”行为。

曾经有人做过实验，把死海龟、旧气垫、救生圈、厚木板等东西放

嬉戏的海豚

在海豚面前漂过，海豚都会把它们推出水面。这一实验证明了这种观点的正确性。

但是，也有不少科学家提出反对意见。他们认为，海豚的智商很高，和人类一样具备学习能力，它们救人是一种有意识的选择行为。

如果海豚看到鲨鱼，态度就会截然相反。它们会对鲨鱼发起猛攻，绝不心软，这个事实也证明了这种说法是有一定道理的。

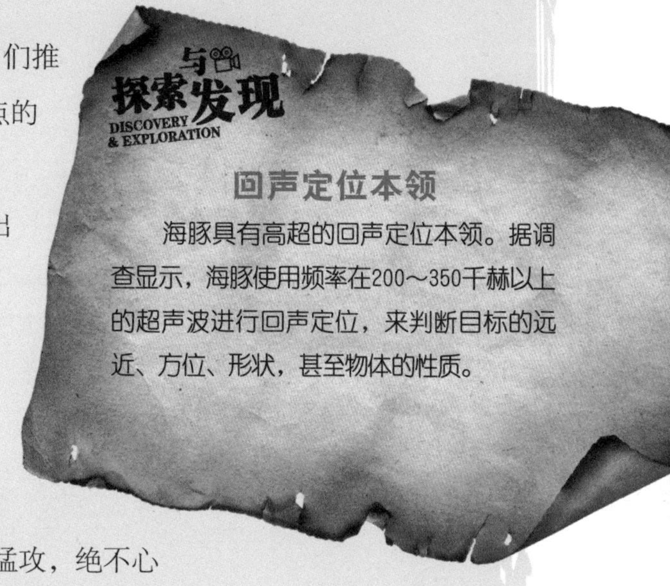

回声定位本领

海豚具有高超的回声定位本领。据调查显示，海豚使用频率在200～350千赫以上的超声波进行回声定位，来判断目标的远近、方位、形状，甚至物体的性质。

而且，海豚喜欢在水中嬉戏，它们会把碰到的东西当作玩具。它们喜欢在深水和浅水中来回巡游，如果有人在深水区落水，正好碰到一群向浅水区游的海豚，海豚就会顺水推舟，把人推向浅水区或岸边，而不是推向深水中，或一直在水中戏弄人。这么看来，它们的救人行为确实像是经过“思考”的，绝非出于简单的本能。

虽然科学家们各执一词，但就目前来看，谁也拿不出有力的证据来支持自己的观点。

看来，要想揭开海豚救人之谜，我们还需要耐心等待一段时间。

海豚依靠高超的回声定位本领捕食

鲸类集体搁浅的真相

鲸为什么会有轻生之举？
为什么鲸自杀总是集体性的？

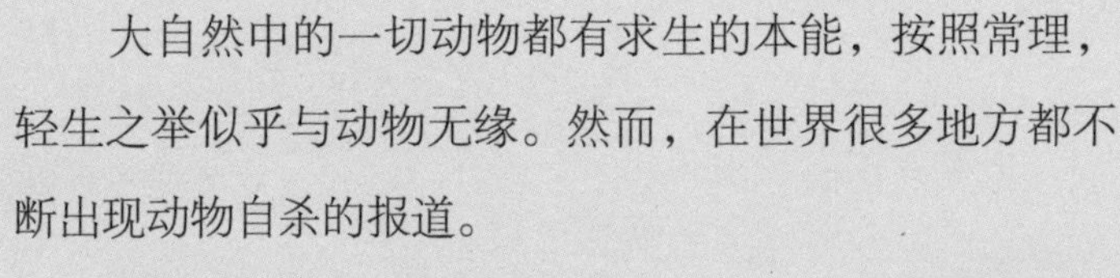

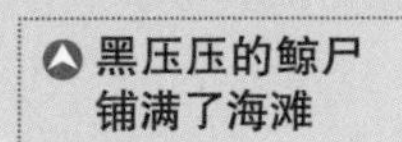

黑压压的鲸尸铺满了海滩

大自然中的一切动物都有求生的本能，按照常理，轻生之举似乎与动物无缘。然而，在世界很多地方都不断出现动物自杀的报道。

据载，1946年10月，800多条虎鲸冲上了阿根廷马德·普拉塔城海滨浴场，结果全部死亡。自1963年以来，仅在南非，就至少有160多条不同种类的鲸自行搁浅。1985年12月22日，在中国福建省福鼎县的海滩上，也发生了一场鲸自杀的悲剧，自杀的全都是很珍贵的抹香鲸。据记载，当时正值退潮，海湾里的鲸群惊慌失措，左冲右突。其中一头鲸冲上了浅滩，无法行动，便开始挣扎哀鸣。其余本已顺潮回到海里的鲸，听到了这头鲸的叫声，全都奋不顾身地游了回来。当潮水再度上涨时，人们试图用帆船拖拽着抹香鲸下海，但被拖下海的鲸不久之后竟然又冲上了海滩。最后，共有12头抹香鲸集体自杀，陈尸海滩。

对于鲸集体自杀的原因，科学界众说纷纭。有人认为，鲸类冲上海滩的主要原因是听觉失灵。鲸靠鼻部和咽部的气囊发出一种特殊的高频声波，利用反射回来的声波来辨别方向和捕捉食物。但当它们游到平坦多沙或泥质的浅海水域时，反射回来的是低频声波，因此就无法对环境进行正确的判断，从而迷失了方向。有两位美国科学家在死鲸的耳朵里发现了很多寄生虫，因此他们认为是寄生虫影响了鲸的声呐系统。

搁浅的鲸

也有人认为，鲸一头接一头地冲上海滩，是为了救助同伴。鲸通常都是组成一个团结友爱的集体，一起觅食，共同抵御敌害。它们当中的某个成员如果不慎搁浅，其他的鲸就会奋不顾身地前来救助，以致接二连三地搁浅。

更有人认为，鲸类几十头、几百头地大规模搁浅，是因带头的首领判断方向有误，导致众鲸盲目跟随。因为鲸都有结群的习性，而且对首领极为忠诚，不论首领走到哪里，后面的鲸都会“赴汤蹈火，在所不辞”。因此，一旦领头的鲸出了错，众鲸也都随之赴难。

至今，人们还在多方面探究鲸集体搁浅的原因，各种各样的说法都有，但目前仍无定论。

探索与发现
DISCOVERY & EXPLORATION

鲸的潜水

鲸具有潜水的本领，能通过潜水搜寻食物。鲸在下潜时，心跳立刻减慢，血液流向大脑和肌肉，以减少身体对氧气的消耗，所以鲸能在一定水深处停留很长时间。

鲸一旦搁浅就会走向死亡

“北欧巨妖”克莱根疑踪

关于海妖克莱根有什么传说？
为什么人们不认为章鱼就是海妖克莱根？

神奇的海底不知是否存在海妖

在北欧神话中，有一个关于海妖克莱根的古老传说。克莱根奇大无比，常浮在海面上，有时会让水手误以为它是小岛。当航船靠近它时，它就会像爆炸一样散开，伸出无数个触手抓住船只，瞬间使船只沉没海底。2003年，人们在智利一处海滩上发现了一块巨大的怪肉，足足有13吨重，这与人们知道的任何动物的肢体都截然不同。于是，有人将它与克莱根联系在一起，从而引起舆论哗然。

难道大海里真的存在海妖吗？

其实，关于海妖克莱根，从来不乏新闻。早在1819年，美国一艘名为“萨利号”的帆船声称在长岛外海域受到一条巨型海蛇的袭击，据说这个庞然大物的毒牙与船的桅杆一样高！

之后，类似的事件也时有传出。很多人怀疑这种巨型海蛇就是克莱根。但专家称，海蛇一般长约2～3米，根本不会长达十几米甚至几十米。所以，海蛇即克莱根原型的说法被人们逐渐否定了。

有人研究了关于克莱根的记载资料，觉得它很像大型章鱼。由于章鱼的力气很大，而且足智多谋，令很多海洋动物惧怕。它经常隐藏在浅海区水底，向猎物发起突然攻击，这种行为与传说中的克莱根似乎很相近。但目前为止，人们所发现的最大章鱼重量也不过五六十千克，与传说中的克莱根还相差甚远。而且章鱼性情温和，不太可能袭击人类的船只。所以，在巨型章鱼没有出现之前，很多人都不赞同这一观点。

19世纪70年代，人们确定深海存在一种巨型乌贼——大王乌贼。大王乌贼的体长可达20米左右，触腕非常厉害，性情也十分凶猛，能与巨鲸搏斗。而且，根据捕捞上来的抹香鲸身上的伤痕，人们推测大王乌贼可能最长达60米，甚至更长。所以，很多人认为大王乌贼就是克莱根。但大王乌贼习惯生活在深海，一旦到了浅海，就会因为压力的改变而死去，又怎么可能袭击船只呢？因此，这一说法有待进一步证实。

迄今为止，海洋里是否真的存在海妖克莱根，还没有人能给出肯定的答案。

章鱼的力气不容小觑

探索与发现
DISCOVERY & EXPLORATION

章鱼的头部

章鱼属于软体动物，它们没有身体，只有头部和触腕。有人认为章鱼的头很大，其实那个“头”大部分是它们的身体，里面藏有鳃、胃、肝、肾和墨囊等器官。而章鱼真正的头部长在眼睛附近。

寻找冰海独角兽

独角鲸的“角”是什么？
独角鲸的“角”有什么用？

传说，在几百年前，欧洲有一种洁白光滑、呈圆锥形的罕见长角，能祛除百病。它来自于一种神兽——独角兽。

1511年，一支欧洲探险队到北极考察，他们在巴芬岛的一个山洞里无意间发现了一头死去的古怪海兽。它的嘴部伸出一根长达2米的洁白触角，活像一只大象牙。探险队员们惊呆了，他们不由得想起了独角兽的传说。难道这就是传说中的独角兽吗？

为了证实他们的猜想，探险队中的一名队员找了一只毒蜘蛛放进怪兽的长角里。结果，毒蜘蛛很快就死去了，可见长角果然有驱毒之效。探险队员们欣喜若狂，他们确信自己找到了传说中的独角兽。

直到几十年后，一批动物学家到北极进行考察，才最终弄清这种海兽的真实身份。原来，这种海兽是一种生活在冰海里的鲸，由于其嘴部

独角鲸的角其实是它的牙

有长长的角，所以人们叫它一角鲸或独角鲸。

经过进一步研究，科学家发现它那长长的“角”实际上是它左上颌的一颗牙齿。并且，这种长牙只有雄性独角鲸才有。当雄性独角鲸长到成年时，它的这颗牙齿就按逆时针方向螺旋生长，破唇而出，直至长到2～3米长。由于这种长牙特别突出，人们就误以为它是角。

探索发现
DISCOVERY & EXPLORATION

群居生活

独角鲸喜欢过群居生活，常常是雌鲸、雄鲸和幼鲸集群活动，从数头到十几头不等。有时也有数百头独角鲸集结在一起，进入海湾觅食、交尾、嬉戏。

独角鲸的这颗长牙到底有什么作用呢？科学家们对此看法不一。

有科学家认为，独角鲸潜入冰层后，用这颗牙齿来破冰穿洞，以吸取氧气。还有科学家认为，巨牙是雄性独角鲸用来吸引异性的标志，或与同性进行格斗的武器。另有一些科学家发现长牙的牙管内含有类似血浆的溶液，所以他们推测独角鲸的长牙可能是一种水中感觉器官。它含有一个密集的神经系统，可以探测北极水域海水的温度、咸度、压力、运动和化学污染的程度等生存信息。此外，他们还认为，独角鲸的这些长牙可能还具有触觉功能，它们能让独角鲸通过互相触动长牙来确认同类的身份，并和同伴相互交流。

当然，这些说法都有待证实。为了揭开独角鲸长牙的秘密，科学家仍在做不懈的努力。

独角鲸被视为传说中独角兽的化身

匪夷所思的尼斯湖怪

尼斯湖怪是什么动物？
尼斯湖怪是不是古代恐龙的后裔？

有人认为湖中的怪兽是水獭

尼斯湖位于英国北部印威内斯市的西南方向。尼斯湖湖深210～293米，长约39千米，平均宽度约1.6千米，四周长满了郁郁葱葱的树木，是一个风景优美的狭窄湖泊。

1802年，一个农民在尼斯湖边劳动，突然发现有一只巨大的怪兽露出水面。这只怪兽体形很奇特，用短而粗的鳍脚划着水，气势汹汹地向他猛游过来。1880年初秋，一只全身黑色、脖子细长、脑袋呈三角形的巨大怪兽冲出湖面，掀起一阵阵巨浪，将正在湖面上行驶的一只游艇击沉。1975年6月的一天，设置在尼斯湖中的水下

人们猜测，尼斯湖怪可能是某种恐龙

照相机拍得一只怪兽的躯体和头部，其躯体呈纺锤状，脖子细长，呈拱形伸展，两个鳍脚从躯体上端伸出。1986年夏天，科学考察人员利用超声波定位仪发现水深68～114米之间的深处有个大型动物在活动，水下声呐装置还记录下了这种未知动物发出的声音。

尼斯湖的怪兽究竟是什么动物呢？科学家们的意见各不相同。

有的科学家认为，尼斯湖怪可能是远古时代蛇颈龙的后裔。远古时代，尼斯湖曾与海洋相连，但在最后一次冰河期结束后，尼斯湖与大洋隔开，湖中的蛇颈龙便被封闭了起来，并侥幸生存繁衍到了今天。还有人认为怪兽很像恐龙中的雷龙。也有人说所谓的尼斯湖怪只不过是人们产生的幻觉，它极有可能是在水中嬉戏的水獭。还有人认为，它可能是浮在水中的古代欧洲赤松的树干。

远古时代的蛇颈龙

尼斯湖怪到底是什么呢？这还需要科学家们继续搜集证据来研究。

水獭

水獭别名“獭猫”，主要栖息于河流、湖泊、水库和溪流中。白天它隐匿于洞中，夜间外出活动。水獭的前爪非常敏捷，尾巴上强有力的肌肉可以使其直立起来。

长白山天池怪兽的真面目

天池怪兽究竟长什么样子？
天池怪兽是什么动物？

吉林省东南部的长白山地区山高林密、富饶秀美，这里流传着许多神奇的故事，天池神龙的传说就是其中之一。100多年前，有几位猎手上山打猎，看到天池中有一个金黄色的怪兽，它头大如盆，顶上生角，脖子很长，嘴巴下面长有很多胡须。于是猎手们就以为这只怪兽便是传说中的神龙了。后来，人们又多次在这里见到奇怪的巨兽，而且所见到的怪兽样子都不相同。1980年，一位气象工作者看到了怪兽。它的脖子有1米多长，身上的毛是褐色的，但脖子下面的一圈毛却是白色的。一年以

长白山天池中的怪兽会是什么动物呢？

与探索发现
DISCOVERY & EXPLORATION

蛇颈龙

蛇颈龙出现于三叠纪晚期到白垩纪末，分为短颈蛇颈龙和长颈蛇颈龙两种，在浅水环境中生存。蛇颈龙头小，颈长，尾巴短，从整体上看，就像是一条蛇穿过一个乌龟壳。

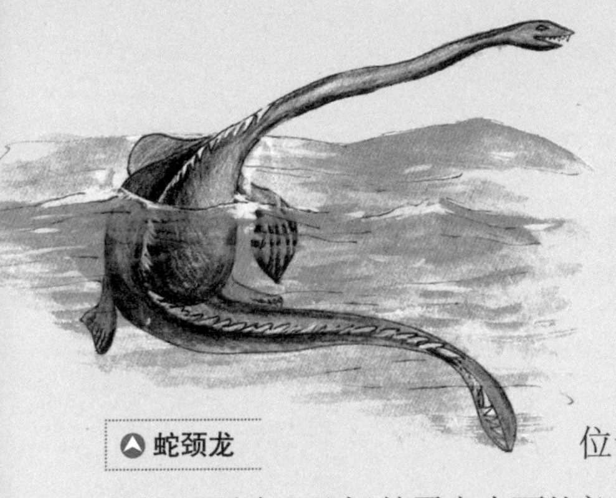
蛇颈龙

后，怪兽再次出现，但这次人们看到的怪兽与上次看到的又不相同。它身上的毛是黄色的，头和脖子上的毛是白色的，还拖着一条尾巴。据说，有位记者还拍下了它唯一的一张照片。据估计，照片上的怪兽露出水面的部分达3米长，可以想见它的身躯会有多么庞大了。

如此庞大的天池怪兽究竟是什么动物呢？有人认为，它也许是远古时代遗留下来的蛇颈龙。但这种观点遭到了专家们的否定。长白山天池是由火山口积水后形成的。1702年，这里的火山还喷发过一次，所以这里不可能有远古动物生存。另外，天池中只有一些浮游生物，它们不可能为如此庞大的动物提供足够的食物，而且天池周围的植物也没有被吃过的痕迹。也有人认为天池怪兽其实是黑熊，但这种观点也遭到了一些人的否定，理由是，黑熊并不善于潜水，而且有人在黑熊冬眠期间也曾见过这只怪兽。还有人认为天池怪兽是水獭，但水獭的体形并没有照片上所显示的那么庞大。

就这样，天池怪兽的身份之谜一直困扰了人们100多年，至今仍未解开。真相究竟如何，我们只能等待科学家们继续研究和破解了。

美人鱼只是传说吗

> 美人鱼只是人类的一个美好猜想吗？
> 美人鱼会不会是尚未被人类发现的海洋动物？

电影中的美人鱼形象

可爱的美人鱼不光出现在安徒生的童话《人鱼公主》里，与其有关的传说更是在世界各地广泛流传。传说中的美人鱼，腰部以上是女人的身体，腰部以下是带有鳞片的鱼尾，生活在海洋里，美丽而温柔，能与人类对话。多少年来，人们一直在探索着、想象着、盼望着大海中的美人鱼能浮出水面。

为探索美人鱼是否存在这一研究课题，近几十年来，海洋生物学家、动物学家和人类学家做了大量的研究工作，并提出许多假说。其中不少人相信美人鱼真的存在，有的还把美人鱼和历史上传说神秘沉入海中的大西洲文明——亚特兰蒂斯联系起来，认为是岛屿沉没后，人类适应了水中生活，进化成了人鱼。也有一些学者持怀疑态度，他们认为人们看到的是某些远看外形轮廓像美人鱼的海洋生物，比如海牛等。

解开美人鱼之谜的关键是找到它们存在的确切证据，如尸体、骨骼等。但至今生物学上还没有令人信服的证据能证明人鱼确实在地球上存在，目前的一切说法都只是猜想。

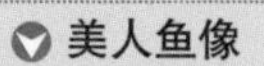

美人鱼像

丹麦首都的美人鱼雕像

海底人疑踪

人们在东欧波罗的海东岸发现的奇异动物长什么样？
1962年，科学家活捉小人鱼是怎么回事？

一所医院里，医生们正在紧张地抢救一位奇怪的病人：他双手有蹼，皮肤不会出汗，身体有惊人的抗压力……计算机综合分析材料显示：他不是陆地上的人，而是来自大西洋！

其实，以上只是美国科幻连续剧《大西洋底来的人》中的情节。可是，多年以来，世界各地频频爆出关于海底人的传闻，这不得不让人们产生疑问：难道海洋里真的有人类的分支吗？

1938年，在东欧波罗的海东岸的爱沙尼亚朱明达海滩上，一群赶海的人发现了一个他们以前从没见过的奇异动物——它嘴部很像鸭嘴，胸部却像鸡胸，圆形头部有点像蛤蟆。当这个“蛤蟆人”发现有人跟踪它时，便一溜烟地跳进海里。它的速度奇快，人们几乎看不清它的双脚，只看到了它在沙滩上留下的硕大的蛤蟆掌印。

海底人真的存在吗？

1958年，美国国家海洋学会的罗坦博士在大西洋4000多米深的海底，使用水下照相机拍摄到了一些类似人脚印的痕迹。

1959年2月，在波兰的格丁尼亚港还发生了一件怪事。在这里执行任务的一些人突然发现，海边有一个疲惫不堪的人拖着沉重的步履在沙滩上走。他们立即把那个人送往格丁尼亚大学的医院。那个人穿着一件制服般的衣服，脸部和头发好像被火烧过。医生把他安排在一个单人病房内，打算对他进行身体检查。然而，那个人的衣服是用金属做的，衣服上没有开口处，很难解开。最后，医生使用特殊工具，费了好大的劲才切开了病人的衣服。不料病人的体检结果令医生大吃一惊：他的手指和脚趾都与众不同，而且他的血液循环系统和器官也极不平常。正当人们想对他作进一步的研究时，他忽然神秘地消失了。

英国的《太阳报》还曾报道过一起发生在1962年的科学家活捉小人鱼的事件。苏联列宁科学院的维诺葛雷德博士向媒体讲述了事件的经过：当时，一艘载有科学家和军事专家的探测船在古巴外海捕获了一个能讲人类语言的小人鱼，它的皮肤呈鳞状，有鳃，头似人，尾似鱼。小人鱼称自己来自亚特兰蒂斯市，还告诉研究人员，在几百万年前，亚特兰蒂斯大陆横跨非洲和南美洲，后来沉入了海底……后来，小人鱼被送往黑海一处秘密研究机构，供科学家们深入研究。

这些传闻是真是假，我们不得而知。但是，科学家对海底人是否存在纷纷提出了自己的看法。

神奇的脚印

有的科学家认为，在广袤无边的大海深处，存在一支神秘的智能人类——海底人，他们创造了高度的文明。科学家们的理由是：陆地人类起源于海洋，至今我们的许多习惯，如喜食盐、会游泳、爱吃鱼等，仍明显地保留着海洋痕迹。而海底人是史前人类进化中的一个分支，他们没有登上陆地，而是在海洋中不断地进化，最终成为大洋的主人。

海底人也可能是来自其他星球的智慧生物

还有一些专家认为，在海中出没的人是来自其他星球的智慧生物，因为他们的技术和文明远远超过地球人的水平，不太可能是地球人的近亲。

不过，另外一些学者认为，有关发现海底人的传闻纯属无稽之谈，那不过是某些人为了出名而杜撰出来的故事，根本不值得相信。

海底人是否存在？这个谜还需要相当长一段时间才能解开。

海底世界充满了神秘

蜥蜴人

20世纪80年代，有人曾在美国的一处沼泽地看见了半人半兽的蜥蜴人。它身高2米，皮肤呈鳞状且布满斑点，移动速度非常快。于是有人猜测，这种奇怪的蜥蜴人可能就是从海底上岸的海底人。

图书在版编目 (CIP) 数据

你不可不知的海洋之谜 / 龚勋主编. —汕头：汕头大学出版社，2018.1（2023.6重印）
（少年探索发现系列）
ISBN 978-7-5658-3260-4

Ⅰ. ①你… Ⅱ. ①龚… Ⅲ. ①海洋—普及读物 Ⅳ. ①P7-49

中国版本图书馆CIP数据核字（2017）第306873号

▷少▷年▷探▷索▷发▷现▷系▷列▷
EXPLORATION READING FOR STUDENTS

你不可不知的海洋之谜

NI BUKE BUZHI DE HAIYANG ZHI MI

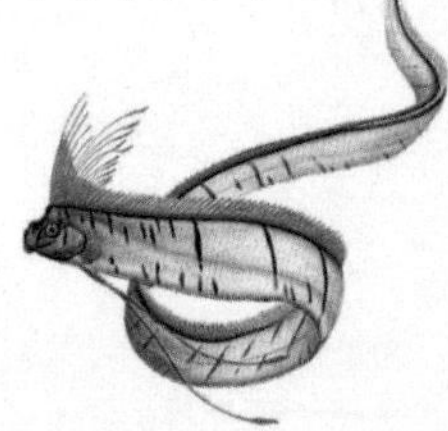

总 策 划	邢 涛
主 编	龚 勋
责任编辑	汪艳蕾
责任技编	黄东生
出版发行	汕头大学出版社 广东省汕头市大学路243号 汕头大学校园内
邮政编码	515063
电 话	0754-82904613
印 刷	河北佳创奇点彩色印刷有限公司
开 本	720mm × 1000mm 1/16
印 张	10
字 数	150千字
版 次	2018年1月第1版
印 次	2023年6月第6次印刷
定 价	19.80元
书 号	ISBN 978-7-5658-3260-4